机工通信

UNDERSTANDING 6G

认识6G

无线智能感知万物

李翔宇 编著

前言

5G已经于2019年正式进入商用阶段，并在多方面深刻影响着社会发展和人们的生活，中国在5G的核心专利、产业链规模、网络建设和用户数等方面都处于全球领先地位。移动通信在当代，就像水和电一样，已成为人类社会的基本需求，同时，作为社会经济、文化、科技和生活等社会结构变革的驱动力，推动了生产力的提高，并极大地扩展了人类的活动范围。

随着5G网络部署和商业应用的逐步深入，越来越多的研究机构及相关人员开始对下一代移动通信系统（6G）进行研究，包括学术界、工业界、政府和公众。根据主要搜索引擎的统计，“6G technologies”是当今搜索量最大的科技关键词之一。

目前，中国、美国、欧盟、俄罗斯、日本、韩国等国家和组织已陆续启动了6G的技术研究，紧锣密鼓地开展相关工作。由此可以看出，业界对现在启动6G相关研究有一定的共识。

虽然上述国家和组织已纷纷启动6G研发，且都有自己的愿景，但还未形成统一的、大家都认可的具体概念或定义。目前，一个较为普遍的共识是：6G应充分考虑未来社会经济发展总体需求、信息领域整体发展趋势，以及5G商用面临的痛点与升级等现实需求。6G将探索并汇集5G所遗漏的相关技术。5G的理论下载速率为每秒10GB，是4G上网速率的10倍，而6G的理论下载速率是每秒1TB，也就是5G的100倍。不过，6G时代，网速已经不是最重要的指标，6G通信技术不再是简单的网络容量和传输速率的突破，它更是为了缩小数字鸿沟，并全面支撑泛在智能移动产业的发展，帮助人类迈向万物智联的未来世界。

6G 愿景可以概括为 4 个关键词：智慧连接、深度连接、全息连接和泛在连接。这 4 个关键词共同构成“一念天地，万物随心”的 6G 总体愿景。

本书分析阐述了信息社会的主流技术——下一代无线移动通信系统（6G）。内容分为 9 章，包括移动通信发展趋势、6G 关键技术与体系架构、6G 的应用畅想、6G 业务应用场景、工业互联网与工业 5.0、智慧城市与智慧生活、6G 发展的产业协作与生态建设、全球 6G 研究进展和对 6G 发展的几点思考。本书分别从需求驱动和技术驱动等不同维度进行分析探讨，重点探讨 6G 愿景、需求与挑战和潜在技术，尝试为读者勾勒出 6G 的整体框架，以期为后续展开 6G 研究提供一些参考和建议，同时也希望能吸引更多的有识之士参与到后续的 6G 相关研究与产业发展中来。

李翔宇

2022 年 6 月于北京西山

Contents | 目录

前 言

第 1 章 移动通信发展趋势 / 1

1.1 移动通信的演进历史 / 2

1.1.1 1G 时代：模拟技术 / 3

1.1.2 2G 时代：数字信号 / 3

1.1.3 3G 时代：移动多媒体 / 4

1.1.4 4G 时代：改变生活 / 5

1.1.5 5G 时代：改变社会 / 5

1.2 关键技术发展趋势 / 7

1.2.1 构建新型的体系结构 / 9

1.2.2 无线传输技术的应用 / 10

1.2.3 对频率资源进行研究 / 13

1.3 6G 的性能需求 / 15

1.3.1 速率指标 / 16

1.3.2 频谱效率指标 / 17

1.3.3 流量密度监控 / 17

1.3.4 连接密度 / 18

1.3.5 时延与可靠性分析 / 18

1.3.6 高速移动性 / 19

1.3.7 系统最大带宽 / 19
1.3.8 系统能效分析 / 19

第 2 章 6G 关键技术与体系架构 / 21

2.1 内生智能的新型空口和新型网络架构 / 22
2.1.1 内生智能，定义网络性能的未来标准 / 24
2.1.2 无线网络智能化的必要性与可行性 / 32
2.1.3 未来无线网络需要内生智能 / 34
2.1.4 网络内生智能所引发的关键问题 / 35
2.1.5 6G 新型的网络架构特点 / 38
2.1.6 6G 网络结构的 6 个特征 / 40
2.1.7 新型网络体系结构与创新技术 / 41
2.2 增强型无线空口技术 / 45
2.2.1 无线空口物理层基础技术应用 / 47
2.2.2 超大规模 MIMO 技术应用 / 51
2.2.3 全双工技术应用 / 53
2.3 新物理维度无线传输技术 / 54
2.3.1 智能超表面技术发展方向 / 58
2.3.2 轨道角动量发展方向 / 59
2.3.3 智能全息无线电技术发展方向 / 60
2.4 新型频谱使用技术 / 62
2.4.1 太赫兹通信关键问题 / 66
2.4.2 应用场景和关键价值 / 67
2.5 通信感知一体化技术等新型无线技术 / 72
2.6 分布式网络架构 / 74

2.6.1 分布式网络结构的组成 / 75
2.6.2 分布式网络结构的优点 / 76
2.7 算力感知网络 / 77
2.7.1 算力感知网络的价值 / 78
2.7.2 算力感知网络体系架构 / 78
2.7.3 算力感知网络的关键技术与应用 / 80
2.7.4 算力服务层关键技术与应用 / 81
2.7.5 算力感知网络相关标准化工作 / 82
2.8 确定性网络 / 83
2.8.1 时间敏感网络的标准 / 84
2.8.2 时间敏感网络的价值 / 86
2.9 星地一体融合组网 / 88
2.10 网络内生安全等新型网络技术 / 90

第 3 章 6G 的应用畅想 / 93

3.1 交互式的沉浸式体验应用场景 / 94
3.2 自动驾驶技术应用场景 / 97
3.2.1 自动驾驶出租车 / 98
3.2.2 干线物流 / 98
3.2.3 无人配送 / 99
3.2.4 无人环卫 / 100
3.2.5 无人驾驶巴士 / 100
3.2.6 封闭式园区物流 / 101
3.2.7 自主代客泊车 / 101

第 4 章 6G 业务应用场景 / 103

4.1 沉浸式云 XR / 104
4.1.1 内容上云 / 109
4.1.2 渲染上云 / 111
4.1.3 空间计算上云 / 112
4.2 全息通信的黑科技 / 112
4.2.1 增强和虚拟现实设备 / 114
4.2.2 3D 捕捉系统的应用 / 114
4.2.3 3D 影像分析与数据整理 / 117
4.3 感官互联时代 / 117
4.3.1 虚拟与实际世界的有效结合 / 118
4.3.2 商业应用价值的体现 / 119
4.4 浅析智慧交互 / 119
4.4.1 何为智慧交互 / 120
4.4.2 交互设计的“可用性”分析 / 123
4.4.3 设计交互的“用户体验” / 124
4.4.4 多通道交互的体系结构分析 / 127
4.5 面向超视距的通信感知 / 129
4.5.1 V2X 超视距感知通信综合系统 / 131
4.5.2 路侧感知精度验证系统 / 133
4.5.3 空天超视距通信终端系统 / 134
4.6 普惠让生活更智能 / 136
4.6.1 智能推荐让选择不再恐惧 / 138
4.6.2 智能服务让生活更高效 / 139

4.6.3 智能安全让世界更和谐 / 141
4.6.4 智能专家辅助准确判断 / 142

第 5 章 工业互联网与工业 5.0 / 143

5.1 无人工厂中的机器协作应用场景 / 144
5.2 数字孪生与数字化生产线 / 148
5.2.1 数字孪生的起源 / 151
5.2.2 理解对实体对象的动态仿真 / 154
5.2.3 为你创造一个虚拟副本 / 156
5.3 数字化生产线的构成 / 159
5.4 制造过程工艺仿真的关键问题 / 161
5.5 工厂物流仿真规划发展方向 / 163

第 6 章 智慧城市与智慧生活 / 165

6.1 数字孪生城市 / 166
6.1.1 数字孪生城市的概念与价值 / 169
6.1.2 数字孪生城市的关键要素 / 176
6.1.3 数字孪生城市外部支撑要素 / 179
6.1.4 数字孪生城市面临的挑战 / 181
6.2 未来城市与超能交通 / 183
6.3 普智教育、精准医疗与虚拟畅游 / 185
6.4 即时抢险与“无人区”探测 / 186
6.5 实时感知的智慧医疗应用场景 / 187

第 7 章　6G 发展的产业协作与生态建设　/　188

7.1　5G 与 6G 发展的关系　/　189

7.1.1　5G 是 6G 发展的地基　/　189

7.1.2　由 5G 迈入 6G 时代的网络发展趋势　/　191

7.2　6G 频谱资源规划　/　200

7.2.1　高效利用低中高全频谱资源　/　200

7.2.2　低频段频谱将成为战略性资源　/　200

7.2.3　毫米波将发挥更重要作用　/　202

7.3　6G 智能化演进　/　207

7.3.1　智赋万物、智慧内生将成为 6G 的重要特征　/　207

7.3.2　人工智能与通信技术的深度融合　/　207

7.4　卫星等非地面通信与蜂窝网络的关系和挑战　/　210

7.4.1　6G 将以地面蜂窝网络为基础　/　211

7.4.2　多种非地面通信手段实现空天地海一体化　/　211

第 8 章　全球 6G 研究进展　/　212

8.1　世界各国 6G 研究总体进展　/　213

8.1.1　中国：从国家层面启动 6G 研发　/　213

8.1.2　美国：2018 年已开始展望 6G　/　214

8.1.3　韩国：将 6G 研发列为首要课题　/　215

8.1.4　日本：具有发展 6G 的独特优势　/　216

8.1.5　英国：学企一起开展 6G 探索　/　216

8.1.6　芬兰：率先发布全球首份 6G 白皮书　/　217

8.2 美国、日本和韩国的6G研究进展 / 217
8.2.1 美国：融合太赫兹通信与传感研究 / 218
8.2.2 美国：卫星互联网通信 / 219
8.2.3 日本：电子通信材料研究 / 219
8.2.4 日本：太赫兹通信研究 / 220
8.2.5 韩国：开发6G核心技术并探索商业模式 / 220
8.3 国际组织及区域组织 / 221
8.3.1 国际电信联盟（ITU） / 221
8.3.2 电气电子工程师协会（IEEE） / 222
8.3.3 第三代合作伙伴计划（3GPP） / 222
8.3.4 6G Flagship / 222

第9章 对6G发展的几点思考 / 224

9.1 我国的5G应用将为6G发展奠定良好基础 / 225
9.2 智慧内生将成为6G的重要特征 / 226
9.3 全频段高效利用，满足6G频谱需求 / 227
9.4 卫星互联网助力地面网络实现6G全域覆盖 / 228
9.5 元宇宙需要6G提供技术支撑 / 230
9.6 数字化转型将加速推动6G发展 / 233
9.7 6G时代需要提升全民数字素养 / 235

参考文献 / 237

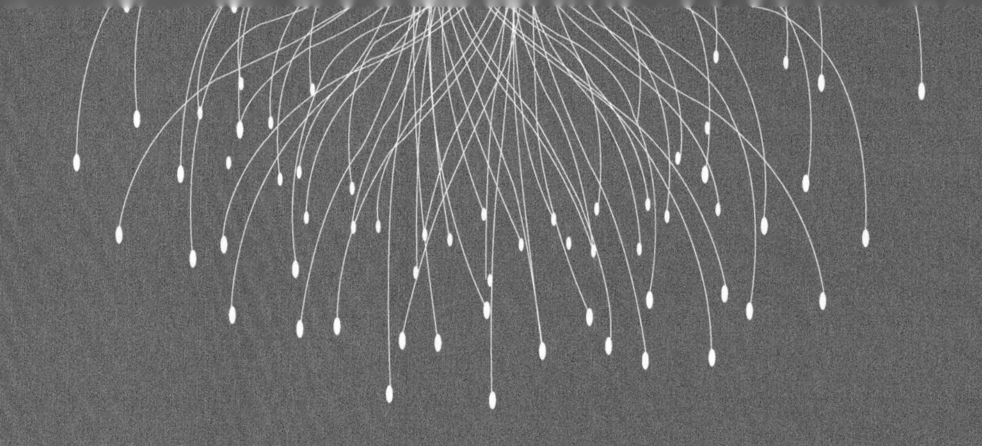

第1章

移动通信发展趋势

1.1 移动通信的演进历史

自20世纪80年代以来，移动通信基本上以十年为周期出现一次技术迭代（如图1-1所示），持续加快信息产业的升级，不断推动经济社会的繁荣发展，如今已成为连接人类社会不可或缺的基础信息网络。从应用和业务层面来看，4G之前的移动通信主要聚焦于以人为中心的个人消费市场，

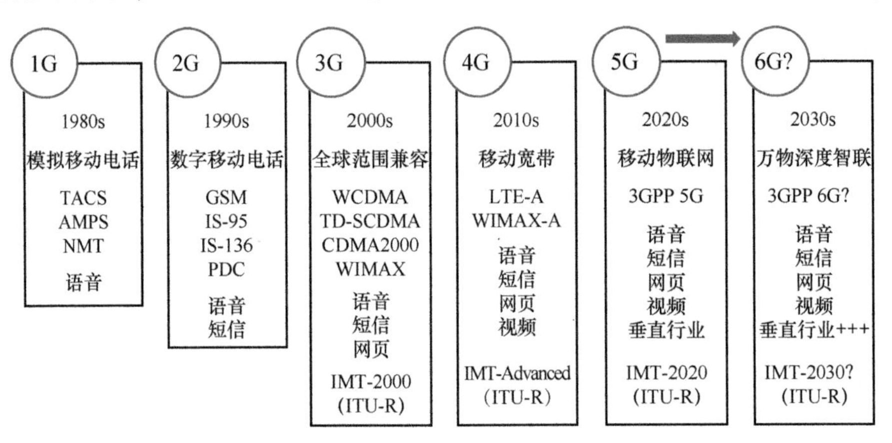

图1-1 移动通信的演进历程（1G~6G）

5G 则以更快的传输速度、超低的时延、更低功耗及海量连接实现了革命性的技术突破，消费主体将从个体消费者向垂直行业和细分领域全面辐射。特别是在 5G 与人工智能、大数据、边缘计算等新一代信息技术融合创新后，能够进一步赋能工业、医疗、交通、传媒等垂直行业，更好地满足物联网的海量需求，以及各行业间深度融合的要求，从而实现从万物互联到万物智联的飞跃。

1.1.1 1G 时代：模拟技术

20 世纪 80 年代中期开始的第一代移动通信系统（1G，the first generation mobile communication system）是以模拟技术为基础的蜂窝无线电话系统。实现了“移动”能力与“通信”能力的结合，成为移动通信系统从无到有的里程碑，并拉开了移动通信系统的演进序幕。提供语音业务的第一代（1G）模拟移动通信技术采用的制式主要包括美国的 AMPS（Advanced Mobile Phone System）以及北欧的 NMT（Nordic Mobile Telephone）。主要采用的是模拟调制技术与频分多址（Frequency Division Multiple Access，FDMA）接入技术，这种技术的主要缺点是频谱利用率低，信令干扰话音业务。

1G 时代，频分多址（FDMA）是一种最基本的多址接入方式。FDMA 以载波频率来划分信道，每个信道占用一个载频，相邻载频之间应满足传输带宽的要求。在模拟移动通信中频分多址是最常用的多址方式，每个载频之间的间隔为 30kHz 或 25kHz。在 FDMA 技术下，不同的用户占据不同的频段，从而避免了相互干扰，实现了区分。

1.1.2 2G 时代：数字信号

第二代移动通信系统（2G，the second generation mobile communication

system）完成了从模拟体制向数字体制的全面过渡，并开始扩展支持的业务维度。其制式包括欧洲的 GSM（Global System for Mobile Communications）以及美国的数字化 AMPS（digital-AMPS，d-AMPS）。红极一时的短信 SMS（Short Message Service）业务就是在 2G 时代被引入进来的，它主要采用数字的时分多址（TDMA）和码分多址（CDMA）技术。在 2G 技术下，无法直接传送电子邮件、软件等资讯，只具有通话和一些手机通信技术规格（如时间日期等的传送）。不过手机短信 SMS 在 2G 的某些规格中能够被执行。

第二代移动通信数字无线标准主要有欧洲的 GSM 和美国高通公司推出的 IS-95CDMA 等，我国主要采用 GSM，美国、韩国主要采用 IS-95CDMA。

1.1.3 3G 时代：移动多媒体

第三代移动通信系统（3G，the third generation mobile communication system）采用了全新的码分多址接入方式，完善了对移动多媒体业务的支持。其最基本的特征是智能信号处理技术。智能信号处理单元将成为基本功能模块，支持话音和多媒体数据通信，它可以提供前两代产品不能提供的各种宽带信息业务，例如高速数据、慢速图像与电视图像等。至此，高数据速率和大带宽支持成为移动通信系统演进的重要指标。其主要的技术标准包括 TD-SCDMA（Time Division-Synchronous Code Division Multiple Access），WCDMA（Wideband CDMA）以及 CDMA2000。从此，以流媒体为代表的移动数据业务进入了人们的视线。

3G 系统的通信标准共有 WCDMA、CDMA2000 和 TD-SCDMA 三大分支。在我国，中国移动采用 TD-SCDMA，中国电信采用 CDMA2000，中国联通采用 WCDMA。

1.1.4　4G时代：改变生活

第四代移动通信系统（4G，the fourth generation mobile communication system）以多入多出（Multiple-Input Multiple-Output，MIMO）和正交频分多址接入（Orthogonal Frequency Division Multiple access，OFDM）为核心技术，不仅获取了频谱效率和支撑带宽能力的进一步提升，还成为移动互联网的基础支撑。4G技术是集3G与WLAN于一体并能够传输高质量视频图像，以及图像传输质量与高清晰度电视不相上下的技术产品。

从3G技术向4G技术演进初期存在两个主要备选方案：其一是3GPP（Third Generation Partnership Project）组织提出的LTE（Long Term Evolution）系统，此系统采用OFDM（Orthogonal Frequency Division Multiplexing）以及TDD/FDD（Time Division Duplexing/Frequency Division Duplexing）替代了CDMA（Code Division Multiple Access）技术；其二是基于IEEE 802.16m的WiMAX（Worldwide Interoperability for Microwave Access）技术。LTE进一步演进为LTE增强版本LTE-A（LTE-Advanced），在热点覆盖和小区边缘QoS保障上均有更好的表现，逐渐成为4G的主流技术，并在之后成为向5G技术演化的基础。

正交频分复用（OFDM）是一种无线环境下的高速传输技术。OFDM技术的特点是网络结构高度可扩展，具有良好的抗噪声性能和抗多信道干扰能力，可以提供无线数据技术质量更高（速率高、时延小）的服务和更好的性能价格比，能为4G无线网提供更好的方案。

1.1.5　5G时代：改变社会

第五代移动通信系统（5G，the fifth generation mobile communication system）把支持的传统增强移动宽带业务（Enhance Mobile Broadband，eMBB）

场景延拓至海量机器类通信（massive Machine Type of Communication，mMTC）场景和超高可靠低时延通信（ultra Reliable and Low Latency Communication，uRLLC）场景基于大规模多入多出（Massive MIMO）、毫米波（mmWave，millimeterwave）传输、多连接（MC，multipleconnectivity）等技术。5G 并不是独立的、全新的无线接入技术，而是对现有无线接入技术的演进以及一些新增的补充性无线接入技术集成后解决方案的总称。

5G 无线接入技术（Radio Access Technology，RAT）的概念产生和研发工作开始于 2010 年左右，以满足当时提出的新兴应用和业务需求。自 2016 年起，5G RAT 正式更名为 5G 新无线（New Radio，NR）。5G NR 基于国际电联 ITU（International Telecommunication Union）定义的 5G 需求，在全球和区域范围开展了 5G NR 频谱分配，并在 3GPP 组织下开始进行标准制定，并于 2018 年发布了第一个 R15 标准版本，这是全球通信产业链共同努力的研发成果。

5G 的主要设计目标涵盖三大核心场景，即 eMBB、mMTC 以及 uRLLC。eMBB 专注于实现峰值速率超过 20Gbit/s，保障最低速率 100Mbit/s，支持 500km/h 移动性以及 10~100Mbit/s/m^2业务容量提升；mMTC 旨在优化网络和设备，实现 10^6/km^2的设备接入；uRLLC 的目标是提供超低时延（低至 1ms）超高可靠性（高达 99.9999%）的接入性能。

5G 作为新基建的核心领域之一，正在助力经济转型升级和高质量发展。6G 预期将通过提供极具创新的应用，彻底改变人类行为的各个层面，以赋予人类更加安全、便捷的生活，并促进社会生产力持续提升，为未来通信技术发展提供源源不断的灵感和动力。

从网络性能指标来看，6G 在传输速率、端到端时延、可靠性、连接数密度、频谱效率、网络能效等方面均有较大的提升，这在很大程度上满足了各种垂直行业多样化的网络需求，见表 1-1。

表 1-1　6G 与 5G 的网络性能对比

指标	6G	5G	提升效果
速率指标	峰值速率：100Gbit/s～1Tbit/s 用户体验速率：1Gbit/s	峰值速率：10～20Gbit/s 用户体验率：0.1～1Gbit/s	10～100 倍
时延指标	0.1ms，接近实时处理海量数据时延	1ms	10 倍
流量密度	100～10000Tbit/s/km^2	10Tbit/s/km^2	10～1000 倍
连接数密度	最大连接密度可达 1 亿个/km^2	100 万个/km^2	100 倍
移动性	大于 1000km/h	500km/h	2 倍
频谱效率	200～300bit/s/Hz	可达 100bit/s/Hz	2～3 倍
定位能力	室外 1m，室内 10cm	室外 10m，室内最好可达 1m 以下	10 倍
频谱支持能力	常用载波带宽可达到 20Ghz，多载波聚合可能实现 100Ghz	Gub6G 常用载波带宽可达 100Mhz，多载波聚合可能实现 200Mhz；毫米波频段常用载波带宽可达 300Mhz，多载波聚合可能实现 800Mhz	50～100 倍
网络能效	可达 200bit/J	可达 100bit/J	2 倍

资料来源：中国电子信息产业研究院

1.2　关键技术发展趋势

5G 技术标准和商业部署的成熟正在催生人类社会对于信息需求的基本模式的变化，人们迫切需要信息处理能力的革命性提升，加速发展以普及数字化、泛在连接化、高度智能化为特征的 6G 时代新型社会。6G 预期的新场景和应用所需要的超高速率、超大容量、极高的可靠性和极低的时延，需要建立在物理层可能提供的链路和系统容量之上。预计 6G 的底层将采用一系列新技术，包括新型工艺和材料、新型器件、新频段（太赫兹、可见光）、新型双工复用方式、新型电磁波传播方式，以及新方法（人工智能应用于物理层设计）。与以往的通信系统相比，6G 网络预期将取得根本性变革，以保证更高精度端到端 QoS 或 QoE 的确定性业务提供更好的服务保障。从这个意义上说，在 6G 网络众多可预期的特征中，随处可见、泛在智能、安全可信显得尤为突出。

从 1G 到 5G，每一代移动通信技术都是为了满足终端用户和网络运营商的需求而设计的。然而，当今社会正变得越来越以数据为中心、依赖数据，工业自动化将彻底推动生产率的提高。自主系统正在冲击我们的陆地、海洋和太空。数以百万计的传感器将被嵌入城市、家庭和生产环境中，由人工智能操作的新系统将在本地的“云”和“雾”环境中实现大量的新应用。

5G 为高速率、低时延网络迈出了重要一步。通过引入新频段（如毫米波频谱），对授权和非授权频段的高效应用，以及全新的核心网设计为 5G 网络提供了新的无线应用。然而，随着以数据为中心和自动化进程的快速发展，未来无线通信网络对数据传输速率、网络时延和连接密度提出了更高的需求。

与前几代相比，6G 将是一个革命性的系统，将彻底实现无线通信从“万物互联”到“智能互联”的演变。为了支持潜在的新型应用，例如，沉浸式 XR 和移动全息应用，远程医疗和自动驾驶，6G 系统需要满足如下的关键性能需求。

- 为满足对超高速流媒体应用的支持，需满足高达 1Tbit/s 的峰值数据速率和 1Gbit/s 的用户体验速率。
- 为满足对时延敏感应用的支持，需要满足小于 100μs 的空口时延和小于 1ms 的端到端时延。

- 为满足远程手术和工业自动化等极高可靠性应用的需求，误块率要求不低于 10^{-7}。
- 为满足超覆盖物联网的海量链接需求，连接密度要求不低于 $10^7/km^2$。
- 考虑到环境的可持续发展，6G 系统要求有更高的能量效率。例如，与 5G 网络相比，6G 网络的能量效率至少要提高到 5G 网络的 2 倍。

1.2.1　构建新型的体系结构

在移动流量快速增长的驱动下，第五代（5G）无线通信在满足增强移动宽带（eMBB）、超可靠低时延通信（uRLLC）和大规模机器类型通信（mMTC）等关键性能要求方面得到了广泛研究。因此，5G 网络在 2020 年开始广泛部署。然而，随着移动用户流量的进一步增长，5G 在支持具有高度多样化服务需求的大规模互联方面将遇到技术限制。此外，许多新兴的用例和动态的未来场景促进了对下一代无线通信新范式的需求，即 6G 无线通信。6G 愿景可以概括为泛在无线智能、无处不在的服务无缝地跟踪与用户无缝连接的泛在服务、与基础设施的泛在无线连接、针对万物上下文感知的智能服务和应用程序。设想 6G 将通过按需自重构方式驱动无线网络，以确保网络性能的提高和服务类型的增长。6G 网络日益增长的性能要求将促进新技术的部署，如太赫兹通信、超大规模天线、大智能表面、可见光通信等。

新技术的发展，使 6G 在把人类生活的所有方面连接到网络上，从而为人类提供便利的同时，也给网络安全带来了极大的挑战。基本上，当前的安全性主要依赖于位级加密技术和不同层级的安全协议。这些解决方案采用的都是“补丁式”“外挂式”的设计思想。当前网络在设计之初并未考虑安全的标准，使得基础网络在身份认证、接入控制、网络通信和数据传输等层面存在着诸多威胁，安全问题严峻。具体体现在公共无线网络中的标准化保护不够安全，即使存在增强的加密和认证协议，它们也会对公共网络的用户产生强约束和高附加成本。现有依靠“补丁式”“外挂式”网络安全增强方案来实现的安全防护体系难以满足要求，因此6G网络需要高效、高可用的安全防护能力。

为了应对6G网络迫切需要不依赖“补丁式”安全增强方案的可信安全体系这一挑战，业界提出了6G内生安全的方法，遵循“内聚而治”“自主以生”的思想构建6G网络内生安全体系。从用户、基站和边缘网络3个层面，设计6G内生安全网络协议和组网机制，达到身份真实、控制安全、通信可靠、数据可信4个安全目标，为6G网络内生安全体系的构建奠定技术基础。

1.2.2 无线传输技术的应用

无线传输技术决定了无线链路传输的效率和能力，是6G研究的重点，也是业界最期待有重大突破的领域。目前，学术界和工业界关注的无线传输技术主要包括五方面：

(1) 通过增加天线数来提升传输效率

Massive MIMO已经成为5G的标志性技术，在6G时代，希望能够进一步拓展Massive MIMO的规模和应用范围，通过分布式协同实现更大规模的Massive MIMO，进一步提升传输效率，保证用户在移动网络里有覆盖的地方用户体验比较均匀，更好地解决用户在离基站近的地方和小区边缘体验差距大的难题。从5G的应用情况来看，Massive MIMO已经支持192天线和64通道，相对于4G的8天线，可以带来3~5倍频谱使用效率的提升，但也面临着复杂度高、成本高、功耗大等方面的挑战。

未来在移动通信典型环境下，进一步增大天线数和通道数规模可能会是非常大的挑战。面向6G，Massive MIMO的主要发展方向在于如何进一步提升其对场景的适应性、优化高移动速度场景、降低系统开销、优化计算复杂度、提升多用户配对效率等。同时，面向室内等密集部署的场景，利用多个天线点协作构成大规模的天线阵列，实现分布式Massive MIMO也将是未来6G重点关注的方向，其需要解决的问题主要有多个站点之间的射频通道校准、多个天线点之间的同步、高效的协作、低复杂度的多用户调度与赋形。

（2）电磁超材料的应用

电磁超材料是目前6G研究的一大焦点，通过数字化和可编程的低成本人工单元阵列设计，电磁超材料天线可以实现天线阵列的方向性接收和发送，带来信号传输和覆盖效率的提升。电磁超材料在天线领域的应用主要可分为三类：第一类是提升传统的无源天线性能，包括提升天线增益、控制波束形状、降低辐射单元之间的耦合等，目前已在5G中开始应用；第二类是可控无源反射面，通过预置控制或者基站辅助控制，实现电磁超材料表面的方向性接收和反射，提升覆盖的效率和用户速率体验，解决覆盖空洞的问题；第三类是用信息超表面来取代传统收发信机的波束赋形的天线阵列及其控制单元，甚至信息的调制。

目前，东南大学及其他院校已在超表面天线提升频谱效率和覆盖方面的研究上取得较大进展，并开始了外场测试。中国移动也在研究信息超表面发射器，尝试通过数字编程的方式来控制载波的信号幅度相位等，由此来取代传统的收发信机设计，提升功率效率。电磁超材料的应用需要考虑很多实际限制，阵列单元的可靠性与稳定性、带外辐射的控制、带内增益平坦度、控制单元的响应速度，以及控制带来的成本和开销等。目前，电磁超材料在通信中的应用也存在较大局限性，和现有模拟波束赋形相似，其对信号接收和反射的方向性控制是全带宽的。这会限制多用户的空间和频率选择性调度，也容易导致同一频段内的其他运营商网络干扰放大。目前考虑的解决方案是实现窄带的表面单元或者增加滤波器，但这些方式可能带来成本的大幅增加。

（3）场景化的编码与多址优化

在 5G 时代，polar 码和 LDPC 得到了应用。到了 6G 时代，由于应用场景变得更加复杂，对网络能力、时延、可靠性等方面提出了新的要求，需要探索编码、多址和调制针对不同场景需求的优化，尤其需要考虑不同频段射频器件对通信链路和系统的影响。面向 6G，需要对速率、时延和可靠性联合优化设计，研究统一的多址接入理论框架，以通过统一的架构实现针对不同场景的不同优化接入方式。

（4）感知通信一体化

6G 网络需要具备环境感知能力，因此在信息传递过程中融合信息采集和信息计算，实现感知通信一体化是目前很有前景的技术方向之一。在移动通信网络中，采用感知通信一体化方案需要强大计算能力的支持与协助，感知功能是网络环境信息的来源，通信功能是网络协作的基础，计算功能是融合和挖掘多智能体共享信息的手段，而三大功能又互有关联、互相补充。实现三者一体化设计，不仅可以节省频谱、空间、载荷等资源，也使三者的性能互相增强。

未来 6G 网络不仅仅提供通信的功能，手机或者基站都有可能变成一个雷达，实时对环境进行探测感知，比如人体的姿态、手势、机器人的位置、车与车的位置等，以此来进一步拓展 6G 的应用场景，如无人机的协同和管控、机器人之间的协作、智能的手势和肢体交互等。感知通信一体化的研究需要着重考虑感知和通信是否可以一体化，如频率、天线和射频链路等是否可以复用，感知和通信的信号设计准则是否可以折中等。

(5) AI辅助的空口传输

随着集成电路工艺的不断提升，算力的提升和大数据的应用加速了AI的应用，AI已经成为6G研究的一大热点。传统的通信系统设计都是从统计稳定性和可靠性的角度出发进行优化设计的，而AI的应用则是希望尽可能利用数据的特征，个性化地优化通信过程。目前AI在移动通信中的潜在应用有很多，包括网管、核心网、传输网络和无线网等领域。从AI应用的三要素来看，需要着重解决算法的适应性、算力和数据的可获得性。

但是对于移动通信系统来说，动态的传播环境会带来无线信号传播特性的动态变化，周围小区的负载变化也会带来干扰的动态变化，由此大大增加了无线传输优化的复杂度和难度，也就带来了AI应用的泛化性问题，即AI能否真正地为无线传输带来稳定的增益和足够的性价比。物理层AI研究的热点包括AI驱动的信道译码与解调优化、基于信道预测的CSI反馈压缩和波束赋形、Massive MIMO的广播权值优化、基于内容和环境上下文感知的语义通信等。目前的AI应用研究都是场景驱动，结合特定的应用场景，考虑如何解决AI算法、数据的采集和传输，以及所需算力的实现，我们把这种实现方式称为“外挂式”或者“嫁接式”的AI，很难完全实现预期效果。

所以，内生AI成为6G研究的一个新方向，通过端到端的内生AI设计，将AI打造成网络的基本能力，提供给网络自身和外部客户调用。中国移动和华为发起成立了开放论坛6G Alliance of Network AI（6GANA），联合学术界和产业界共同开展相关的研究，探索网络AI的需求场景、网络架构、数据模型管理、理论算法与验证平台等，致力于把AI打造成未来6G网络的能力和服务，做到对内服务于网络，对外服务于第三方客户。

1.2.3 对频率资源进行研究

在“2018年世界移动通信大会·北美”上，Jessica Rosenworcel作为美国联邦通信协会（FCC）对外公开讨论6G无线服务的第一位专员，提出了6G的三大类关键技术，分别为6G频谱、6G无线“超大容量”如何实现和6G频谱使用如何创新。

Rosenworcel表示，6G将使用太赫兹（THz）频段，且6G网络的“致密化”程度也将达到前所未有的水平，届时，我们的周围将充满小基站。

太赫兹频段是指100GHz~10THz，是一个频率比5G高出许多的频段。从通信1G（0.9GHz）到现在的4G（1.8GHZ以上），我们使用的无线电磁波的频率在不断升高。因为频率越高，允许分配的带宽范围就越大，单位时间内所能传递的数据量也就越大，也就是我们通常说的“网速变快了”。

不过，频段向高处发展的另一个主要原因在于，低频段的资源有限。就像一条公路，即便再宽阔，所容纳的车量也是有限的。当路不够用时，车辆就无法畅行，此时就需要考虑开发另一条路了。

频谱资源也是如此，随着用户数和智能设备数量的增加，有限的频谱带宽就需要服务更多的终端，这会导致每个终端的服务质量严重下降。而解决这一问题的可行方法便是开发新的通信频段，拓展通信带宽。

目前，我国三大运营商的4G主力频段位于1.8~2.7GHz的一部分，而国际电信标准组织定义的5G的主流频段是3~6GHz，属于毫米波频段。到了6G，将迈入频率更高的太赫兹频段，这个时候也将进入亚毫米波的频段。中国科学院国家天文台研究员苟利军说：“太赫兹在天文中被称为亚毫米，这类天文台的站点一般很高而且很干燥，比如南极洲，还有智利的阿塔卡马沙漠。”

那么，为什么说到了6G时代网络将“致密化”，我们的周围会充满小基站？这就涉及了基站的覆盖范围问题，也就是基站信号的传输距离问题。

一般而言，影响基站覆盖范围的因素比较多，如信号的频率、基站的发射功率、基站的高度等。就信号的频率而言，频率越高则波长越短，所以信号的绕射能力（也称为衍射，在电磁波传播过程中如遇到障碍物，这个障碍物的尺寸与电磁波的波长接近时，电磁波便可以从该物体的边缘绕射过去。绕射可以帮助进行阴影区域的覆盖）就越差，损耗也就越大，并且这种损耗会随着传输距离的增加而增加，基站所能覆盖到的范围会随之降低。

6G 信号的频率已经在太赫兹级别，而这个频率已经进入分子转动能级的光谱了，很容易被空气中的水分子吸收掉，所以在空间中传播的距离不像 5G 信号那么远，6G 需要更多的基站“接力”。

5G 使用的频段要高于 4G，在不考虑其他因素的情况下，5G 基站的覆盖范围自然要比 4G 的小。到了频段更高的 6G，基站的覆盖范围会更小。因此，5G 的基站密度要比 4G 高很多，而在 6G 时代，基站密集度将无以复加。

1.3　6G 的性能需求

全球业界对于 6G 的愿景逐渐趋于一致。首先，打通虚实世界。例如，诺基亚贝尔实验室认为“6G 将统一物理、数字、生物世界的体验”，中兴通信认为“6G 将整合物理和数字世界”；其次，泛在智能，“泛在”表明 6G 服务将无缝覆盖全球用户，“智能”体现为 AI 互联网；最后，满足人类解放自我的需求。基于 6G 愿景和 5G 的发展，6G 将得到进一步升级和扩展，以实现更高的数据速率（5G 的 10～100 倍）和频谱效率、更大的系统容量、更低的时延、更广且更深的网络覆盖，进而支持更快的移动速度、服务于更全的万物互联，并全面支撑泛在智能移动产业的发展，如图 1-2 所示。

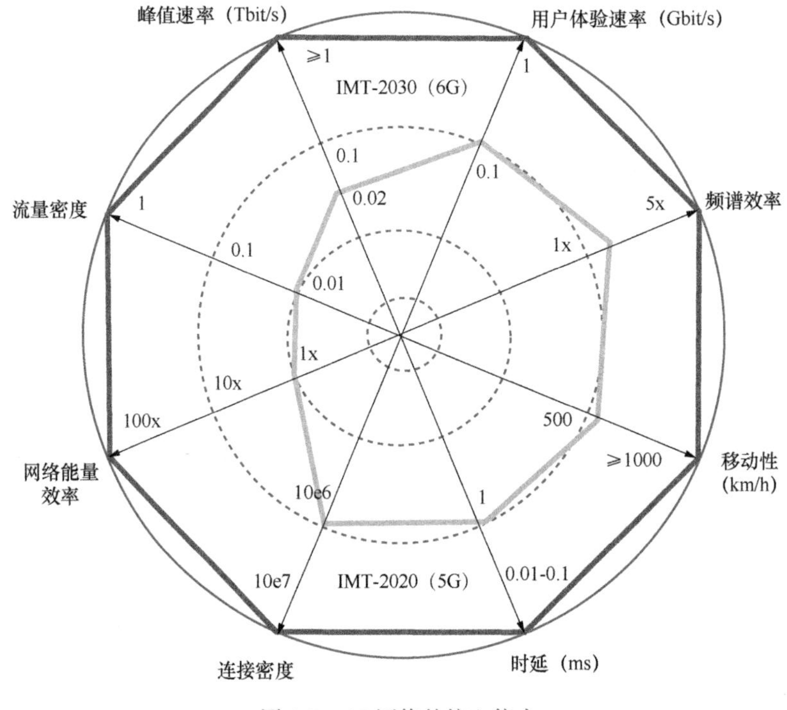

图 1-2　6G 网络的核心能力

相较于 5G 的性能指标，预计 6G 的数据传输速率、连接密度、能效将提高 10 倍，移动性和频谱效率将提高约 3 倍，时延有望降低到 1ms 以下。此外，6G 可以将覆盖率从目前的 70%提高到 99%，可靠性从目前的 99.9%提高到 99.999%，定位误差从当前的“m 级”降低到“cm 级”等。

1.3.1　速率指标

作为 6G 候选技术的太赫兹通信具有带宽大、传输速率高等特点，将是未来解决 6G 大带宽场景的利器。在 200~400GHz 的频谱范围内，经过理论仿真测算，结合业界的一些试验数据，未来 6G 的单终端峰值速率指标预测可以达到 100Gbit/s，单小区总的吞吐量预测可以达到 1Tbit/s。

用户体验速率是指单位时间内用户获得 MAC 层用户面数据的传送量。实际网络应用中，用户感知速率受到众多因素的影响，包括网络覆盖环境、网络负荷、用户规模和分布范围、用户位置、业务应用等因素，一般采用期望平均值和统计方法进行评估分析。5G 时代定义的用户体验速率是 100Mbit/s。

如果从 eMBB 的继续发展角度来看，6G 时代对带宽需求最大的应该是 VR 业务。预计 10 年后，极致 VR 业务已经成熟，VR 将成为典型的用户体验业务。根据预设的 VR 360 中极致 VR 体验需求，带宽需求 = 视频分辨率×色深×帧数/压缩率 = （23040×11520）×12×120/350 = 1Gbit/s，即获得极致 VR 的典型带宽需求是 1Gbit/s。所以，6G 的用户体验速率建议为 1Gbit/s。

1.3.2 频谱效率指标

5G 的峰值频谱效率（每赫兹频谱传输的比特）在 64QAM、192 天线、16 流并考虑编码增益的情况下，理论频谱效率极限值在 100bit/s/Hz。而在 6G 时代，考虑 1024QAM、1024 天线，结合轨道角动量 OAM 的多流及 beamforming 技术，频谱效率推算可以到 200bit/s/Hz。

1.3.3 流量密度监控

流量密度是单位面积内的总流量数，衡量移动网络在一定区域范围内数据的传输能力。相比 5G，6G 使用了太赫兹等频段，相比 5G 的 Sub6G 及毫米波频段覆盖范围进一步收缩，6G 小区半径约为 5G 的一半，覆盖面积缩小为 5G 的 1/4。同时，6G 基站吞吐量 1Tbit/s 相比 5G 的 20Gbit/s 提高了约 50 倍。因此，6G 的区域流量密度测算约为 5G 的 200 倍。

1.3.4 连接密度

在 5G 时代，根据各种场景测算出的连接密度是 100 万个/km^2，意味着平均每 m^2 最多连接一个 5G 设备。但随着物联网、体域网和人工智能、低功耗技术的快速发展，对于快递物流、工厂制造、农业生产、智能穿戴和智能家居，都存在网络连接的需求。以智能穿戴为例，在 6G 时代，每人应该至少配有具备直接网络连接能力的 1~2 部手机、1 部手表、若干个贴身的健康监测仪、两个置于鞋底的运动检测仪等，使得连接密度较 5G 上升了近 10 倍。因此，6G 的连接密度应该为 100 个/m^2，或最大连接密度可达 1 亿个/km^2。

1.3.5 时延与可靠性分析

在 5G 时代，uRLLC 主要考虑的因素是由于人的介入，需要网络提供 ms 级的时延，比如车联网的 1ms 时延保证。在 6G 时代，低时延的通信预计将主要集中在机器与机器之间，用以替代传统的有线传输，如工业互联网的场景等，此时的时延需求应该是在亚 ms 级，6G 时延指标可以预测为 0.1ms。

5G 引入了移动边缘（MEC）计算，把核心网部分功能下沉到基站，基站也同时开始参与网络内容的计算，如 VR 的渲染等。在 6G 时代，MEC 功能进一步增强，甚至可能使基站与 MEC 合并成为基站；同时，人工智能（AI）将会被引入，并在基站导入基于 AI 的部分应用，使得基站的计算能力变得异常强大。根据一些资料的分析测算，5G 基站的计算能力需求是 100~200Tops（operation per second）。而在 6G 时代，基站的智能化计算能力预计为 1000Tops。

1.3.6　高速移动性

移动性是移动通信系统最基本的性能指标。5G时代主要是要求能够支持速度高达500km/h的高铁乘客的接入。而在6G时代，考虑到马斯克提出的真空管高铁预期时速为1200km，美国目前已经成立了多家进行此项目研究的公司，并且目标在2030年实现商用。同时，6G时代必须考虑民航飞机乘客的接入，民航飞机的飞行速度基本上都是800～1000km/h。因此，6G的移动性能接入建议以1200km/h速度移动的用户接入作为衡量指标。

1.3.7　系统最大带宽

4G的常用载波带宽是20MHz，多载波聚合时，最多可到100MHz；5G的Sub6G频段常用载波带宽是100MHz，多载波聚合时可到200MHz。毫米波频段常用载波带宽是400MHz，多载波聚合时可到800MHz；对于6G可能用到的太赫兹技术，常用载波带宽可能会到20GHz，多载波聚合时，有可能到100GHz。

1.3.8　系统能效分析

能量效率是指每消耗单位能量可以传送的数据量，在城市环境中，用每焦耳传递的信息比特来衡量，即bit/J；但在农村场景下，用满足一定通信能力时每单位面积覆盖所消耗的功率来衡量。根据研究，目前移动网络侧占整个能量消耗的15%～20%，而基站又占据移动网络能源消耗的80%，移动网络的负荷一般小于20%。

在6G时代，太赫兹频段承载的带宽大大优于毫米波和Sub6G，然而能耗方面并没有倍数的增加，总体能量效率大大优于5G。此外，我们考虑到

6G 时代会引入就近通信服务，这将进一步降低系统能源消耗。

根据 5G 能量效率 100bit/J 的指标和测算，6G 的能量效率可预测为 200bit/J。

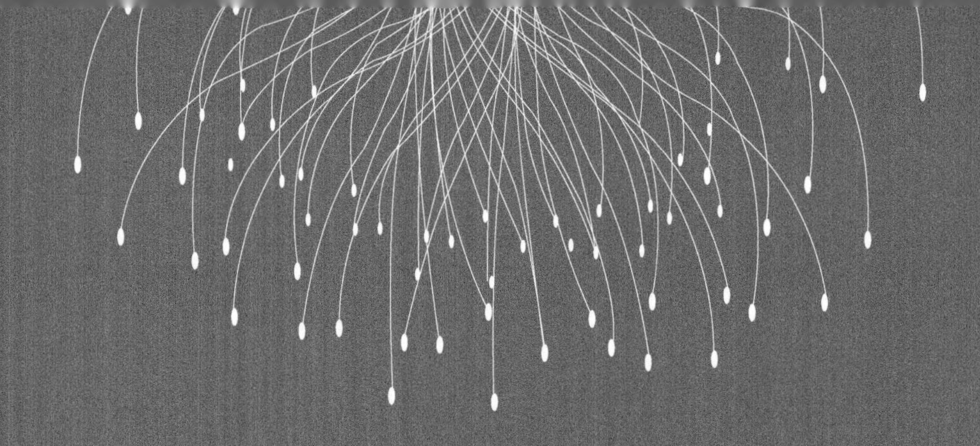

第2章

6G关键技术与体系架构

2.1 内生智能的新型空口和新型网络架构

在可见的未来，人工智能技术将内生于未来移动通信系统并通过无线架构、无线数据、无线算法和无线应用等呈现出新的智能网络技术体系。AI 技术在 6G 网络中是原生的，从 6G 网络设计之初就考虑对 AI 技术的支持，而不只是将 AI 作为优化工具。总体上，可以从两个不同角度来看待无线 AI 在 6G 时代的发展方向，即内生智能的新型空口和内生智能的新型网络架构。

第一，内生智能的新型空口，即深度融合人工智能、机器学习技术，将打破现有无线空口模块化的设计框架，实现无线环境、资源、干扰、业务和用户等多维特性的深度挖掘和利用，显著提升无线网络的高效性、可靠性、实时性和安全性，并实现网络的自主运行和自我演进。

内生智能的新型空口技术可以通过端到端的学习来增强数据平面和控制信令的连通性、效率和可靠性，允许针对特定场景在深度感知和预测的基础上进行定制，且空口技术的组成模块可以灵活地进行拼接，以满足各种应用场景的不同要求。AI 技术的学习、预测和决策能力使通信系统能够根据流量和用户行为主动调整无线传输格式和通信动作，可以优化并降低通信收发两端的功耗。借助多智能体等 AI 方法，可以使通信参与者之间高效协同，最大化比特传输的能效。

利用数据和深度神经网络的黑盒建模能力可以从无线数据中挖掘并重构未知的物理信道，从而设计最优的传输方式。在多用户系统中，通过强化学习，基站与用户可自动根据所接收到的信号协调信道接入、资源调度等。每个节点可计算每次传输的反馈，以调整其发射功率、波束方向等信号方案，从而达到协同消除干扰、最大化系统容量的目的。

此外，随着机器学习以及信息论的交叉融合和进一步发展，语义通信也将成为内生智能的新型空口技术的终极目标之一。通信系统不再只关注比特数据的传输，更重要的是，信息可以根据其含义进行交换，而同一信息的含义对于不同的用户、应用和场景可能有所不同。无线数据的高效感知获取、数据私密性的保证是人工智能赋能空口设计的关键难点。

第二，内生智能的新型网络架构，即充分利用网络节点的通信、计算和感知能力，通过分布式学习、群智式协同，以及云端一体化算法部署，使得 6G 网络原生支持各类 AI 应用，构建新的生态和以用户为中心的业务体验。

借助内生智能，6G 网络可以更好地支持无处不在的具有感知、通信和计算能力的基站和终端，实现大规模智能分布式协同服务，同时最大化网络中通信与算力的效用，适配数据的分布性并保护数据的隐私性。这带来三个趋势的转变：智能从应用和云端走向网络，即从传统的 Cloud AI 向 Network AI 转变，实现网络的自运维、自检测和自修复；智能在云-边-端-网间协同实现包括频谱、计算、存储等多维资源的智能适配，提升网络总体效能；智能在网络中对外提供服务，深入融合行业智慧，创造新的市场价值。当前，网络内生智能在物联网、移动边缘计算、分布式计算、分布式控制等领域具有明确需求并成为研究热点。

网络内生智能的实现需要体积更小、算力更强的芯片，如纳米光子芯片等技术的发展；需要更适用于网络协同场景下的联邦学习等算法；需要网络和终端设备提供新的接口实现各层智能的产生和交换。

2.1.1 内生智能，定义网络性能的未来标准

在数字时代的未来网络世界，全方位的智能设备正在涌现，以强大性能提升传输速率，以智慧算法重构管理模式，以全域创新激活底层价值。随着数据孤岛的打破，网络的“管道”价值正在实现持续的升级。唯有性能更强大的网络设备，才能灵活自如地应对前所未有的数据洪流。

面对交互式无线虚拟/增强现实、人机协同作业全景高清视频直播等新型应用以及沙漠、海洋等多样场景下的通信需求，第六代（The Sixth Generation，6G）移动通信将呈现“空天地海”融合通信、全频谱接入、异构超密集组网、云边协同等特征，但也将导致网络优化和管理难度急剧增大。此外，为了便于移动通信专网与生产制造、交通运输、能源电力等垂直行业深度融合，网络配置和运维方式急需简化，引入人工智能（Artificial Intelligence，AI），利用其强大的预测、决策能力构建智能内生的 6G 网络是大势所趋。

1. 国际标准组织相关进展

(1) 第三代合作伙伴计划（3GPP）

为提升 5G 网络的数据收集和分析能力，3GPP 在核心网引入了网络数据分析功能（Network Data Analytics Function，NWDAF）。在 5G 的第一版标准 R15 中，3GPP 考虑把 NWDAF 作为网络切片选择功能，以及策略控制功能的基础。此外在 TR23791 中，3GPP 提出 NWDAF 能够支持各种预测任务，包括网络功能的负载预测、网络业务负载预测和用户移动性信息预测

等。2020年6月3GPP通过“Study on Further Enhancement for Data Collection”立项进一步将AI功能扩展到无线接入网（Radio Access Network，RAN）以提升网络能效负载均衡和覆盖范围。

（2）欧洲电信标准化协会（ETSI）

2017年，ETSI成立了业界首个网络智能化标准组——体验式网络智能（ENI）。致力于构建基于数据驱动决策和闭环控制的人工智能网络体系架构。通过自动收集状态数据和进行指标对比可发现网络故障/性能瓶颈，实现高效自优化。2018年，ETSI提出了智能定义网络的概念。针对RAN域引入移动智能网络决策实体。每个实体具有收集数据分析、数据建模决策制定和决策验证功能。实体的部署可采用分层架构，其中上层部署一个中心实体，下层部署多个分布式实体。分布式实体位于gNB中央实体，负责实体间的协调。

（3）国际电信联盟-电信标准化部门（ITU-T）

2017年，ITU-T成立了未来网络机器学习焦点小组，致力于机器学习在5G及未来网络中的应用。该小组于2019年提出了在5G及未来网络中实施机器学习的统一架构。其中完整的网络分析功能由一组机器学习管道节点构成，包括数据源、数据采集器、数据预处理器、AI模型输出分配器和接收器等。这些节点可视为逻辑实体，具体部署位置由功能编排器进行管理。此外其还负责根据模型性能进行AI模型的选择和复选。为减少由于模型训练导致的潜在网络中断，前述架构还提出了沙盒域的概念作为独立环境，专门用于AI模型的训练、测试和评估。在3GPPRAN定义的5G架构下，一些管道节点可被合并部署在分布式单元（Distributed Unit，DU）和中心单元（Central Unit，CU）中，进而形成分布式单元数据分析（Distributed Unit Data Analytics，DUDA）功能和中心单元数据分析（Central Unit Data Analytics，CUDA）功能。

2. 设备商和运营商相关进展

（1）开放式智能无线网络架构

在智能和开放原则下，由多家运营商参与的 O-RAN 联盟提出了开放式智能无线网络参考体系架构。该架构引入了 AI 使能的软件定义的 RAN 智能控制器（RAN Intelligent Controller，RIC），包括非实时 RIC 和部署在 CU 的近实时 RIC。通过 A1 接口，非实时 RIC 负责在 CU 和 DU 中进行数据采集并将训练生成的 AI 模型分发给近实时 RIC。近实时 RIC 负责基于 AI 模型进行负载均衡无线资源块管理。此外，通过开放的 E2 接口近实时 RIC 不仅可以从 DU 处获取近实时的网络状态，还可以向 CU 协议栈下发配置命令（例如切换操作等）。

（2）自动驾驶网络架构

2020 年 5 月，华为公司发布了分层自动驾驶网络（Autonomous Driving Network，ADN）解决方案。ADN 主要包括简化的网络管理和控制单元智能运维平台和网络 AI 单元。网络边缘通过引入大量的实时传感组件和 AI 推理单元，在数据源处实现较强的智能功能，如感测数据分析和决策执行。集成了网络管理器、控制器和分析器等模块的 ADN 网络管理和控制单元，通过构建本地知识库和 AI 推理架构，自动将上层服务和应用意图转换成网络操作，进而实现单域自治和闭环管理。此外，网络管理和控制单元与云端的数据交互可以持续增强本地 AI 模型库和知识库。以不断优化和提升本地智能感知决策能力。面向灵活的服务编排，智能运维平台可助力运营商根据网络特性快速迭代开发新的业务模型运维流程和应用服务。网络 AI 单元为电信网络提供 AI 平台和云服务，持续训练 AI 模型和提取汇聚到云端的网络数据，通过统一管理实现 AI 模型和知识库的完全共享、复用，减少重复训练。

（3）使能RAN侧无线大数据的架构

为克服3GPP在核心网中引入的NWDAF无法支撑RAN侧近实时的基于AI的网络优化与控制的问题，同时减小采集数据的回传开销，Wireless-World Research Forum（WWRF）提出了一种在RAN侧使能无线大数据的架构。

在该架构中，CUDA、DUDA和NWDAF一起形成了分层的、分布式的智能网络架构。其中CUDA主要负责基于无线大数据进行RRC、PDCP等协议层的优化，涉及多连接、干扰管理、移动性管理等，而从更抽象的功能来看，其包括数据分析、AI模型训练在线模型预测、基于预测结果的策略生成和配置。部署于DU中的DUDA主要负责针对PHY/MAC/RLC层进行实时RAN数据采集、预处理参数优化和低复杂的模型训练。此外DUDA可将预处理后的数据特征发送至CUDA，用于模型训练，而CUDA可将训练好的模型发送给DUDA进行部署，CUDA也可以处于主-从模式，主CUDA可帮助从CUDA进行模型训练，并可实现网络层面的协同优化。除了CUDA和DUDA通信所需的F1-D接口外，架构的主要接口还有N接口，用于CUDA和NWDAF间的数据集及数据分析结果的订阅、分发。

3. 学术界相关进展

（1）意图驱动的RAN架构

意图驱动的无线接入网络（Intent-Driven Radio Access Network，ID-RAN）中的意图主要包括组网意图、业务意图和用户需求的性能意图3种类型，分别涉及运营商的运维管理、服务提供方的业务交付和用户个性化的性能需求。

ID-RAN将接收到的无线意图依次通过意图转译、冲突解决、网络编排、配置激活和策略优化5个功能模块进行处理。ID-RAN中意图驱动的无线网络控制器可分布式部署在集中云、基站控制器或宏基站，实现对无线意图的全流程处理，同时作为数据汇聚点接收接入网中的运维数据、无线传输数据和终端测量报告等，并根据网络编排方案下发网络配置指令和组网优化指令。ID-RAN 既可通过大数据挖掘方法完成各类意图的智能探测，也支持使用自然语言直接下发无线意图，基于自然语言处理技术实现无线意图智能转译。此外 ID-RAN 使用深度强化学习方法，根据网络环境多维数据和优化目标，制定匹配意图需求的网络配置方案，并支持基于 AI 的无线接入网络自配置、自优化和自治愈。

（2）使能终端直通的智能无线网络架构

预计未来用户终端将向个人工作站演进，具有强大的计算和存储能力以及充足的电池容量，从而可在用户终端处进行 AI 模型训练，学习局部信道特征、业务特征和移动轨迹等，并和部署于核心网的集中式 AI 以及部署于移动边缘计算服务器的本地 AI 互相协作，实现网络的智能管理和优化。此外，文献中还指出了 AI 和终端直通结合的应用场景。例如在智能网络切片场景中，AI 可用于发现和管理大量的直通终端，实现实时、动态的网络切片。在基于非正交多址的终端直通认知组网场景中，AI 可用于无线认知智能用户配对、信道估计和超高精度定位。

4. 智能内生架构的一般特征

（1）新增网元实体

由于现有移动通信网络架构中的网元主要用于实现通信协议栈的相关功能，因此需要增加新的网元实体，用于提供网内 AI 能力，本文将该类网元称为 AI 单元。按照功能类型划分，基本的 AI 单元可具象为数据采集单元、数据存储单元、数据处理单元、数据分发单元、模型训练单元、模型选择单元、模型执行单元、结果下发单元、性能监测单元，以及管理编排单元，这些基础单元可根据底层基础设施算力，以及时延、网络带宽等限制进行合并设计，进而形成功能更综合的 AI 单元。其中流程管理编排单元用于对其他AI单元进行管理，包括生命周期管理单元、处理能力的扩容缩容单元、部署位置优化，以及单元间信息流动路径配置等。

（2）网元接口设计

相关接口具体可分为两类：一类为AI单元间的交互接口，另一类为AI单元与网络中其他非AI单元的网元间的交互接口。对于第一类接口，由于仅涉及AI单元内部交互，因此对原有移动通信网络架构设计影响较小；而第二类接口的引入则较为复杂，具体而言：①需定义AI数据采集单元与用户终端、接入网侧DUCU，以及射频单元间的数据接口，用于收集用户终端能力信息、空口资源使用率、小区负载等数据；②需定义模型执行单元与前述实体的数据接口，方便前述实体对AI能力的按需调用；③需定义结果下发单元与前述实体的数据接口，用于反馈AI预测/决策结果；④需定义性能监测单元与前述实体的数据接口，用于实时监测模型效果在模型性能下降时，触发模型切换策略。

（3）训练和推理架构

在模型训练架构方面，对于规模庞大的AI模型可采用基于单个模型训练单元的集中式架构，而当考虑到数据隐私性问题时，部署在多个节点（例如手机终端）的模型训练单元还可采用基于联邦学习的分布式架构。同时该种方式还可有效避免集中式架构带来的训练数据采集开销。在模型执行架构方面，既可以基于单个模型执行单元进行集中式推理，同时也可采用基于多单元协作的架构。例如分布在不同位置的模型执行单元。首先根据局部信息利用AI模型输出预测信息，最后由一个模型执行单元将各单元信息作为模型输入得到最终预测结果。

（4）AI对现有协议流程的影响

与接口设计部分类似，智能内生网络的协议流程可分为AI单元间的交互流程（该类流程可进行独立设计）以及AI单元与现有网元间的交互流程。对于后者，引入 AI 后的主要变化在于需增加现有网元对 AI 能力调用。

智能内生 6G 网络可极大地简化行业用户自有专网的配置和管理难度，具体表现如下：

第一：利用基于 AI 的自然语言处理技术。智能内生 6G 网络将支持行业用户进行涉及本行业特定术语的语义化的网络配置和运维操作，自动将用户意图转换为网络设备可识别的配置指令。

第二：基于 AI 提供的智能决策能力，智能内生 6G 网络可根据意图转译得到的性能需求，结合网络多维信息（底层基础设施计算处理能力、无线带宽链路时延等）自动输出切片编排方案，可充分满足行业用户的定制化要求。

“空天地海”一体化网络综合利用地面通信和卫星通信融合后形成的多种通信链路进行信息传输。为实现高效通信，网络软定义控制器可以利用 AI 模型进行通信对象的环境感知、自然地理环境移动测量等。同时还可进行网络链路状态预测，涉及时延丢包率信噪比等性能指标。基于前述信息并结合业务的个性化通信性能需求，网络软定义控制器可进一步基于 AI 决策实现终端接入模式智能选择、数据转发路径规划和频谱资源动态管控等。

5. 内生智能面临的挑战

（1）拟真的 AI 训练环境构建

无线网络中应用的 AI 模型主要分为仅使用标签数据进行监督训练的模型，以及需要通过和外部环境不断交互进行决策知识学习的强化学习模型。为了避免后者训练初期的动作探索对网络正常运行状态的影响，需要创建专门的模型训练环境，该环境与真实网络环境的差异程度直接影响模型的实际效果。因此如何构建一个尽量拟真的学习环境，是需要解决的一大问题。

(2) 高动态时变环境下的AI应用

移动通信网络具有显著的高动态时变特征，例如用户业务本身随机到达同一区域的终端数量变化和信道在高移动性下的便捷，而在6G时代还可能出现空中基站的使用，导致网络服务范围和服务区域动态变化集中式和分布式组网自适应切换等。网络高动态时变将带来两大问题：一是由于网络环境的变化。例如用户数量变化、网络拓扑重构、用户业务请求分布变化。先前训练的AI模型存在不再适用的可能；二是对于要求极低决策时延的情形复杂的AI模型，难以跟上环境的快速变化，而简单的AI模型又难以保证足够的精度，如何实现决策时延和性能间的平衡是一大挑战。

6G要成为最高效的AI平台，这对如何降低通信与计算成本提出了新挑战，而两项成本都是未来要研究的关键指标。为了尽可能降低通信成本，6G系统设计需要使用最少的资源来传输AI训练所需的海量数据，而要降低计算成本，必须实现计算资源在网络中的最优分布，以充分利用移动边缘的计算能力。

为了支持深度AI学习，6G需要从物理世界采集海量数据（规模是目前数据的数百万倍），才能构建一个数字世界。如何运用信息和学习理论有效压缩训练数据，对6G来说是另一项重大挑战。

高效的分布式协同学习架构有助于降低大规模AI训练带来的计算负荷，可将AI数据和模型拆分并纳入6G网络架构。此外，分布式联邦学习也有助于优化计算资源、本地学习和全局学习，并有助于满足新的数据本地治理要求。从这个意义上讲，6G核心网络功能将向深度边缘网络推进，而云端软件运营将向大规模深度学习转变。由于深度边缘（设备）频繁向网络传输海量的数据和模型，6G无线接入网（RAN）也将从“以下行为中心”向“以上行为中心转变。

2.1.2 无线网络智能化的必要性与可行性

当前无线网络智能化主要考虑的是对包括 5G 在内的现存网络的智能化，滞后于对应无线移动系统的标准化阶段，所以主要采用的是扩展其对外的数据接口，以便被机器学习所使用的方式。这种方式由于其可扩展的数据接口有限、数据传输时延大，限制了机器学习的应用场景，同时还可能引发数据安全问题。因此，在面向 6G 的无线移动通信网络研究的初期，将机器学习技术与未来 6G 网络深度融合，形成内生智能的新一代移动通信系统的期望很高。

在无线移动通信技术发展的历史中，为了解决其所面临的问题和挑战，已经积累了大量经典的模型和解决方法，这些经典的模型的构成是清晰可见、可解释的。这种解决问题的方法被称为模型驱动。随着无线移动通信系统的发展，其网络变得越来越复杂，比如存在 3G、4G、5G 等多网共存的情况，存在 eMBB、URLLC、eMTC 等多种差异性业务共存的情况，存在基站-终端、基站-中继-终端、终端-终端等多种无线连接共存的情况，这导致无论在业务层面、无线资源管理层面，还是信号处理层面，都面临着越来越大的挑战。引入机器学习的初衷，就是借鉴深度学习可以解决大型、复杂的非线性系统问题的能力，来应对未来这些挑战。

简单地说，机器学习主要用来解决模型驱动的方法中模型无法获得或者不精确的问题。与模型驱动的方法相对应，应用机器学习来解决问题的方法，通常称为数据驱动的方法。

在传统的模型驱动方法中，模型的建立主要经历了三个阶段：理论推导、仿真验证，以及实际应用。采用数据驱动的方法时，模型的建立也经历了类似的三个阶段：模型训练、仿真验证，以及实际应用。可以看出两种方法的主要差别在于第一个阶段。假设为了解决同一个问题，其所采用的仿真验证方法及其假设都是一致的，如果数据驱动方法所获得的效果与模型驱动方法所获得的效果相当或更好，那么应该可以说明数据驱动方法所获得的模型及其对应的方法是有效的。即使通过仿真数据来进行 DNN 模型的训练，其在实际应用时所获得的信号检测性能下降都不明显。而数据驱动方法所获得的模型，受益于深度神经网络所包含的海量参数，相对于人工理论推导所获得的模型，有更为精确的可能，从而最终提高其效果，这也是引入机器学习的必要性之一。

机器学习模型的训练包括离线训练和在线训练。离线训练阶段的数据可以通过实际系统采集获得，也可以通过仿真建模获得。而对于待研究的新系统（比如 6G）来说，因无实际可提供数据采集的新系统，利用仿真平台提供的数据进行训练更为可行。

在线训练包括两种情况：直接利用系统实时获得的数据进行训练；或者在离线训练所获得的模型基础上，利用系统运行中所获得的新数据对模型的参数进行调整。在线训练会额外增加系统的计算复杂度，但可以通过控制其训练周期来平衡性能与复杂度之间的关系。基于导频设计的无线通信系统天然具备可以应用强化学习的基础，其在发射端、接收端已知的导频信号，可以看作系统实时提供的训练数据，可以用于对现有机器学习模型进行在线训练。

在应用阶段，由于深度学习可以采用通用的深度神经网络，在其具体应用时，可以获得较低的计算复杂度，这是因为通用的神经网络仅仅涉及一些简单的矩阵乘法操作。进一步，借助 GPU 或更专业的机器学习芯片可以获得更高的效率或更低的成本。

因此，从可行性角度来看，引入机器学习在其工作原理上、训练数据可获得上，以及计算复杂度上均具有可行性。从必要性来看，其可以解决复杂问题、提高性能和降低成本。

2.1.3 未来无线网络需要内生智能

当前，将机器学习应用到无线移动通信网络中主要采用：固化推演方式和系统外推演方式。固化推演方式即通过离线训练获得推演阶段所使用的机器学习模型后，将其固化到系统中，系统在运行时，应用固化在系统中的机器学习模型进行推演，获得相应的功能。系统外推演方式即机器学习的训练和推演均在无线移动通信系统之外进行，机器学习推演机构利用系统提供的数据进行推演，并将推演的结果应用到目标系统之中。目前在业务层面、网络与平台管理、无线资源管理等层面的机器学习研究主要考虑的是这种方式，其对当前标准架构影响较小，仅涉及测量、统计量层面的丰富化。

采用系统外推演的方式，需要无线移动通信系统向机器学习训练机构提供大量用于训练和推演的数据，随着所需要解决的问题复杂化，特别是将机器学习用于无线信号处理时，大量的训练和推演数据向系统外提供将成为一种负担。同时，系统内外的数据交互会增加处理问题的时延，限制了机器学习技术的应用场景。将无线移动通信系统内部的数据提供给系统外的机器学习机构使用，还可能引发数据安全的问题。因此，有必要将机器学习的训练和推演引入无线网络内部，构造具备内生智能的新一代无线移动通信系统。

离线训练以及所需数据量较少的在线训练和推演在系统外进行，所需要的数据量较大的在线训练和推演在系统内进行。系统内的机器学习推演模型可以由系统外的机器学习训练机构提供，也可以由系统内的机器学习在线训练机构提供。

这种网络内生智能推演的方式，更有利于采用机器学习技术解决无线移动通信系统自身的问题，比如应用深度神经网络模型提升信道估计和信号检测的性能、应用深度强化学习提升链路自适应的准确性等。目前，正处于6G无线移动网络研究的起始阶段，也正是研究网络内生智能的关键阶段，因此有必要对网络内生智能所引发的相关问题进行讨论，并作为无线网络智能化进程中的关键问题持续展开研究。

2.1.4　网络内生智能所引发的关键问题

（1）机器学习模型建模问题

机器学习的发展主要体现在语音识别、图像识别等领域，在其中沉淀了大量经典的模型与算法。将机器学习引入无线移动通信系统中，用来解决无线移动通信系统的问题，在最近几年才凸显出来。这其中包括两类机器学习模型建模方法：黑盒方法和展开方法。黑盒方法可以理解为将现存的、其他非通信领域使用的经典机器学习模型直接应用到无线移动通信系统的方法，由于机器学习模型中参数众多、具体物理意义不清晰，故称为黑盒方法。展开方法则是依据对无线移动通信系统的理解，针对现存的无线移动通信系统经典模型进行展开，重新构建出机器学习模型的方法。

下面以经典的ZF和MMSE检测方法为例，对展开方法进行简单的说明。ZF和MMSE其检测矩阵分别表述为：

$$\text{ZF:}(HHH)-1HH \tag{1}$$

$$\text{MMSE:}(HHH+\beta I)-1HH \tag{2}$$

从经典的模型驱动方法的角度来看，β是噪声方差与信号方差的比值，在应用时需要分别估计噪声方差和信号方差，或者等效为信噪比估计。而从基于模型展开的数据驱动方法的角度来看，β是一个将ZF和MMSE方法综合到一起的参数。ZF和MMSE检测方法在不同信道环境，以及信噪比情况下，其性能表现也不尽相同，通过实际系统所提供的数据训练生成该系数β，可以使得检测方法更好地匹配无线信道环境。可以给出一种采用展开方法、构建基于深度神经网络的MIMO检测器的方法，其将经典的迭代检测方法，通过深度神经网络进行展开，其中每一次迭代对应神经网络中的一层，由于在每一层中引入了待训练的参数，其获得的模型更精确。

通过展开的方法，获得新的机器学习模型是目前学术界进行研究的趋势之一，但需要注意的是，这种展开的方法导致机器学习模型的结构会千变万化，而且依旧存在大量的矩阵求逆的操作，虽然性能获得了提升，但相对于通用的神经网络模型，其较高的实现复杂度将限制其应用场景。

（2）机器学习模型部署/更新问题

当机器学习推演机构在无线移动通信系统内部时，如何进行机器学习模型的部署/更新是一个待研究的问题。

依托深度神经网络的广泛应用，其发展出了多种经典的神经网络模型，比如DNN、RNN、CNN等。神经网络主要由神经元以及描述神经元之间的关系的参数构成，这为采用参数传递的方式进行机器学习模型部署/更新提供了可能。以DNN为例，描述其模型的主要参数包括：层数、每层（包括隐藏层）的神经元个数，以及每一个神经元的权重、偏差、激活函数。

另外一种部署/更新机器学习模型的方法是采用内生业务部署的方式。简单地说，可以把机器学习推演模型看作一种应用（App），其模型的部署/更新即App的下载、安装过程。相对于前述参数传递方式，采用系统内生业务的方式可以部署/更新更复杂的模型，并且也有利于模型本身的内部结构的保护。

（3）如何应用强化学习

强化学习是利用与环境的交互提升决策准确度的方法。在无线移动通信系统中，不同网元（基站、终端等）因其所处的位置不同，从而导致其所面对的环境千差万别，并且其所处的环境也会因为信道的变化、用户的移动等因素而实时变化。因此，有必要将强化学习引入无线移动通信系统中，使其更智能、更精确地匹配环境的变化。

当所要决策的问题是系统中某一局部的问题时，可以直接将强化学习构建在其内部的解决方案中，但是当所要决策的问题是系统性的问题时，需要系统中的不同网元提供有关环境状态、回报的信息。针对某一个系统性的问题，在应用强化学习时，至少需要考虑下述相关内容：

- 代理：即决策的主体，它可能位于系统环境中某一网元。
- 状态：系统环境中所有相关网元需要向代理提供的用于计算环境状态的信息集合。
- 回报：系统环境中所有相关网元需要向代理提供的用于计算回报的信息集合。
- 行动：针对系统环境中的目标网元或其某个具体功能单元，代理可能做出的行动集合。

借助强化学习的决策机制可以对离线训练获得的模型进行在线训练的控制和更新。

（4）网络内生智能相关的标准化问题

在采用系统外推演方式时，仅仅要求无线移动通信系统提供可以被机器学习相关机构调用的接口。而采用系统内推演时，结合前述问题的探讨，需要考虑系统内不同网元、层之间的标准化问题。比如，当机器学习在线训练机构部署在基站侧，机器学习模型推演单元部署在终端侧时，经过空口至少需要传输如下信息：

- 机器学习模型描述信息：可以采用参数传递或内生业务的方式进行传输。
- 强化学习相关的状态、回报、行动信息：可以依托现有标准化接口所能提供的信息，但必要时需要进行增加或优化。

- 训练/推演数据：应尽量使用目前空口所能提供的数据进行训练/推演，但必要时需要进行增加或优化。

从可行性角度来看，引入机器学习在其工作原理上、训练数据可获得上，以及计算复杂度方面均具有可行性。从必要性来看，其可以解决复杂问题、提高性能和降低成本。由于采用系统内推演的方式，可以降低系统内外传递的数据需求，以及处理时延，从而更有利于采用机器学习技术解决无线移动通信系统内部的问题，因此建议在未来的 6G 网络中构建内生智能。

2.1.5 6G 新型的网络架构特点

通过对应用场景的理解和分析，6G 网络性能指标的定位包括几个方面：第一，6G 网络的峰值速率应该达到太比特每秒水平（TBPS）；第二，用户体验率达到千兆比特每秒水平（Gbit/s）；第三，用户的时延接近海量数据的实时处理；第四，无线网络的可靠性接近有线传输；第五，6G 的流量密度和连接密度至少比 5G 高 10 倍；第六，支持移动高速通信，速度超过 1000km/h，不仅支持高速铁路通信覆盖，还支持飞机覆盖；第七，频谱效率可以提高两到三倍。

6G 网络能带来一些新的能力，如亚米级甚至厘米级的定位精度，超低的时延抖动，超高的安全性和全新的网络智能水平。为了满足这些指标，6G 需要在频谱使用范围、使用效率、网络架构、功能、安全性和人工智能等方面做出新的改变，以满足 6G 的业务和应用需求。

随着移动通信技术的发展，网络架构也在不断变化，3G 采用三层架构，4G 采用全 IP 架构，5G 引入信息技术和大数据技术来实现小型企业架构、控制平面和用户平面分离、网络切片技术等。在 5G 核心网络中，无线网络的城域网引入了 CU-DU 分离架构，带来了灵活的部署结构。

6G 网络的结构从整个网络的演进和转型角度来看，设计 6G 网络应该考虑三个方向的驱动力：

第一，新服务、新应用和新场景带来了什么样的需求。

第二，解决现有网络存在的问题和挑战。去年，5G NSA 的建设带来了高能耗、高成本、低运行维护效率等挑战。在未来的网络设计中，应该考虑如何改变这些现状。

第三，随着云计算、大数据和人工智能技术的发展，新技术的发展带来了驱动力。

在解决现存的网络问题和挑战时，有 4 个突出的问题。

第一，我们应该进一步解决时延问题。对于 5G 无线网络，协议结构是分层的，所有的业务都需要逐层处理，每一层都有时延，这构成了时延业务传输的瓶颈。为了进一步缩短时延，有必要打破这种结构。

第二，需要进一步发展网络切片的支持技术。5G 支持端到端切片。然而，在标准设计之初，无线网络和核心网络分别考虑切片的设计和优化。这两者能否很好地连接起来需要由 NSA 进行商业验证，这需要在 6G 网络设计中加以考虑。

第三，解决单一网络结构带来的高成本、高功耗问题。目前 5G 网络的部署是基于基站的，功能齐全，这将导致整个建设的高成本和高功耗。为了从根本上解决这两个问题，6G 网络必须进行变革。

第四，大型基站部署成本高，运行维护难度加大。有必要考虑利用人工智能和大数据实现网络运维的智能化。然而，在 5G 网络设计之初，由于没有充分考虑对这些功能的支持，目前智能运维的突破使得整个网络的运维支持逐渐得以实现。相信在 6G 时代，网络运维自动化将是一个新的发展方向。

在新服务、新应用和新场景的驱动下，6G 网络需要具有更高的可靠性、更低的用户平面和控制平面时延，以及更高的流量密度和设备密度。云计算、大数据和人工智能将在 6G 网络中深度集成，使网络更加高效和智能化。

2.1.6 6G 网络结构的 6 个特征

6G 网络的第一个特征是按需服务。6G 将会有更多的新服务和新场景，用户将会多样化和个性化。网络应进一步增强感知能力，包括对行为、业务和意图的感知，并根据用户的业务需求分配网络资源，提供体验保障。

第二个特征是简单网络，其中多种接入技术接入核心网络，接入网络实现即插即用。通过简化架构、功能和协议，网络可以提供准确的服务，同时节省成本和能耗。实现轻量级无线网络。未来的接入网分为两层，一层是信令接入层，另一层是数据接入层。通过单独部署，可以节省部署基站的数量，并且可以根据需要分阶段加载基站的功能，而不是全功能基站。

第三个特征是灵活的网络，以用户为中心，按需生成，网络随人移动。网络功能的分散管理支持独立网元和业务的扩展、演进和灵活部署，实现端到端的微服务网络。

第四个特征是内生智能。人工智能技术已经取得了很大的进步，5G 已经考虑使用人工智能。然而，5G 人工智能是一个插件或移植应用程序，很难实现像人类神经网络那样的内部功能。人工智能有望在 6G 网络中成为神经系统。为了满足内生智能，有必要在 6G 网络中引入数据采集面和智能面，通过数据采集面采集 6G 网络的全局数据；智能表面根据需要调用这些数据，并根据不同的人工智能场景提供不同的人工智能支持。

第五个特征是数字结对。未来的网络是一个数字双网，它可以实时监控虚拟空间中每个网元、每个基站和每个用户服务的在线状态，提前预测运行轨迹，提前介入可能的服务掉线，避免网络事故。新功能也可以预先验证，实现网络自进化。

第六个特征是安全性内生。6G 网络的安全性尤为重要。据预测，未来的战争可能不会攻击物质世界，而是孪生世界。

结合 DICT 的发展趋势，我们在 5G 网络发展中看到的经验教训预计 6G 将向以下 5 个方向转变：一是引入数字双胞胎；二是实现多方数据和资源的协同管理；三是实现端到端的微服务设计；第四是简化基站；第五是数据和信令的分离，提高了整个网络的部署效率和成本。在此基础上，未来网络逻辑架构的建议是“三层四面”。这三层包括：资源层、功能层和服务层。资源层在底层提供无线、计算和存储等基本资源，为功能层的功能生成提供支持和服务，而功能层在服务层为服务和应用提供支持。功能层引入了数据采集、智能、共享与合作、安全等功能，实现了安全性和智能性。

2.1.7　新型网络体系结构与创新技术

基于 6G 愿景、需求、应用场景及性能，预计 6G 网络将在全球范围内实现社会无缝的无线连接，融合通信、计算、导航、感测，并具有智能自主运营维护的空天地海一体化 3D 及 AI 网络，可提供超高容量、近乎即时、可靠且无限的智能超连通性。

（1）空天地海一体化网络

当前地面网络无法扩大通信范围的广度和深度，同时在全球范围内提供连接的成本非常高昂，为了支持系统全覆盖和用户高速移动，6G 将优化空天地海网络基础设施，集成地面和非地面网络，以提供完整的无限覆盖范围的空天地海一体化网络。

基于卫星通信的空间网络通过密集部署轨道卫星为无服务和未被地面网络覆盖的地区提供无线覆盖。空中网络低空平台可以更快地部署，更灵活地重新配置并在短距离通信中表现出更好的性能。空中网络高空平台可以作为长距离通信中的中继节点，以促进地面和非地面网络的融合。地面网络将支持太赫兹频段，其极小网络覆盖范围将达到系统容量提高的极限，“去蜂窝”和以用户为中心的超密集网络的架构将应运而生。水下网络将为军事或商业应用的广海和深海活动提供互联网服务，但关于水下网络是否能够成为未来6G网络的一部分，存在争议。

（2）趋向智能化网络

为了实现6G智慧内生网络的愿景，6G架构的设计应全面考虑人工智能（AI）在网络中的可能性，使其成为6G的内在特征。近年来，AI及机器学习（ML）受到了业界广泛关注，初始智能已应用于5G蜂窝网络的许多方面，包括物理层应用（如信道编码和估计）、MAC层应用（如多路接入）、网络层应用（如资源分配和纠错）。但是，AI在5G网络中的应用仅限于传统网络架构的优化，并且由于5G网络在架构设计之初未曾考虑AI，因此很难完全实现5G时代AI的潜力。

最初的智能是感知性AI的一种实现，无法响应意外情况。随着服务需求的多样化和连接设备数量的爆炸性增长，网络发展成为一个极其复杂的异构系统，因此迫切需要一种具有自我感知、自我适应、自我推理的新型AI网络。它不仅需要在整个网络中嵌入智能，还需要将AI的逻辑嵌入网络结构中，这样感知和推理以系统的方式进行交互，最终使所有网络组件能够自主连接和控制，并能够识别、适应意外情况。智能网络的最终期望是网络的自主发展。集中式AI、分布式AI、边缘AI、智能无线电（Intelligent Radio，IR）的联合部署，以及智能无线传感、通信、计算、缓存和控制的融合，为 6G 的智能网络提供有力保障。

（3）6G 潜在关键技术

通过对来自中兴通信、中国移动、中国电科、中国信息通信研究院、东南大学、上海交大、成都电子科技大学、北京邮电大学、赛迪智库无线电所、芬兰奥卢大学、贝尔实验室、美国麻省理工学院及纽约大学等国内外机构的 28 篇重点文章所涉及的潜在关键技术进行调查、统计、筛选和总结，得出关注度最高、词频最多的 12 个潜在关键技术，同时对各关键技术相应的关键优点和挑战进行分析、凝练和总结，详情见表 2-1。

表 2-1　潜在关键技术调查

关键技术	数量	优　　点	挑　　战
新颖网络功能技术			
空天地海一体化	27	形成具有最大容量、密集泛在连接和高致密频谱的全覆盖空间	低时延和高可靠性要求的场景挑战
人工智能	26	实现了自治及无接触的新颖网络，使网络适应于泛在应用场景	实时性、共享性、能量有效性等方面的挑战
新型频谱资源技术			
太赫兹通信	26	可以满足 6G 极高数据传输速率的频谱需求，具有更丰富的频谱资源	太赫兹频谱传播特性和射频器件成熟度的限制
可见光通信	16	动态频谱使用是有效提升现有频谱利用效率的重要手段	需要有统筹合理智能的算法支撑
高效无线接入技术			
传统技术增强［*］	18	满足更多带宽、更大容量、超高数据速率、设备以高密集的方式部署	高频率和高功率使得收发器和天线设计、功效设计等技术面临挑战
OAM	9	多路复用并行以实现高频谱效率	其无线电波束合并和分离的瓶颈
创新基础性技术			
区块链	13	提供更强的安全性能	源于系统安全、数据隐私、监管、扩展性等挑战

（续）

关键技术	数量	优　　点	挑　　战
新型化材料	8	实现高效弹性的网络运营	需要在系统中整合能源特性
能源管理	12	实现高效弹性的网络运营	需要在系统中整合能源特性
新型通信技术			
量子通信和计算	9	提高计算效率并为 6G 提供强大的安全性	现实条件下的安全性问题和远距离传输问题
分子通信	9	实现纳米级的通信和互联	电气和化学领域间接口及安全保证

[*]：指的是传统物理层技术增强，包括超高速新型的信道编码调制技术、基于 AI 的编码调制技术、超大规模多天线技术、大规模智能反射表面、增强的双工技术、全息波束赋形等。

从表 2-1 中第二列相应技术对应的文章数量可以看出，空天地海一体化、人工智能和太赫兹通信三大技术将会大概率作为 6G 关键技术。在 28 篇调研文章中，涉及这三大技术的文章分别有 27 篇、26 篇和 26 篇，推断这三大技术将主要推动 6G 发展方向。而可见光通信、动态智能频谱共享技术、传统物理层技术增强、区块链和能源管理技术的关注度也很高，在 6G 中将起到非常关键的中间力量的作用。轨道角动量、新型化材料、量子通信和计算、分子通信关注度相对稍低，但在后期技术挑战突破和更大需求出现后，潜力巨大。

基于上述潜在关键技术，6G 网络能力将得到极大的提升，从而为用户提供更加丰富的应用和业务。通过对未来的应用场景、网络性能指标和潜在关键技术之间的关联关系进行分析和总结，可以得到相互之间的映射关系。可见，为了达到太比特级的峰值速率需求，需要有太赫兹通信、可见光通信、动态智能频谱共享技术、超大规模天线等关键技术的支持等。而太赫兹通信、超大规模天线、量子通信与计算、人工智能支撑着超低的时延需求等。

2.2 增强型无线空口技术

以前每一代无线通信技术，基本上都是依赖无线空口技术的进步，提升了无线传输的速率。5G无线空口主要从技术挖潜中获利，LDPC码最早在1962年由麻省理工学院的Gallager在其博士论文中提出，1981年Tanner给出了LDPC码的图，从那时算起到现在已有40多年历史。

2008年，土耳其的阿里坎教授首次提出Polar码并发表了论文，到2016年被3GPP采纳为5G控制信道编码标准。1908年，马可尼就提出了用MIMO技术来抵抗信号的衰落，1995年，Teladar给出了在衰落情况下的MIMO容量，1998年，贝尔实验室建立了MIMO实验系统，到5G采用大规模MIMO，也经历了20多年。得益于大规模集成电路技术与算法的进步，5G做了将前人的理论工程化实现的工作。

5G在无线空口上并未出现明显的颠覆性技术贡献，5G曾经也希望形成颠覆性技术，但后来急于标准化就没有着力深入从基础理论研究做起了。5G将多年积累的大规模天线技术与新型信道编码技术加以应用，但看不到还有什么具有很大潜力的无线空口技术储备留给6G。虽然Massive MIMO还可以继续增加波束数，但效率不是成比例增加的，而且蜂窝半径还会越来越小。

相较于5G空口，6G应该具有更加强大的网络结构和能力。从具象的角度看，6G网络应该实现超高速率的通信、极低的时延和超高的容量密度，以及支持超大的连接密度。同时6G网络应该是具有柔性弹性和智慧绿色的网络。从延续性角度来看，6G网络应该对5G网络趋势有进一步的增强和延续，5G网络本身所具有的特性包括高速率、绿色节能、智能便捷和泛在覆盖等。同时6G网络也应该拥有自己的创新业务需求，如内生智能、可信增强、自生自治和内生安全等。

6G 空口能力不仅仅需要实现对 5G 空口能力的延续和增强，也需要对未来的通信需求带来的挑战，做出合理的可引导式的应对。应该作为实现数字化驱动的社会，万物互通互联，信息智能泛在等美好愿景的基石。

扩展频谱到毫米波、采用非蜂窝架构、采用轨道角动量技术、从被动躲开干扰到主动消除和利用干扰等想法很好，但都有不少限制，难以在空口技术上有非常明显的突破。显然 6G 不仅需要在无线物理层技术上继续努力，还需要更多关注网络技术创新。

为了更好地达成智能互联时代的各大目标，6G 空口设计需要革命性的突破，实现设计理念上的范式转变，如图 2-1 所示。包括无线空口物理层基础技术、超大规模 MIMO 技术、带内全双工技术。

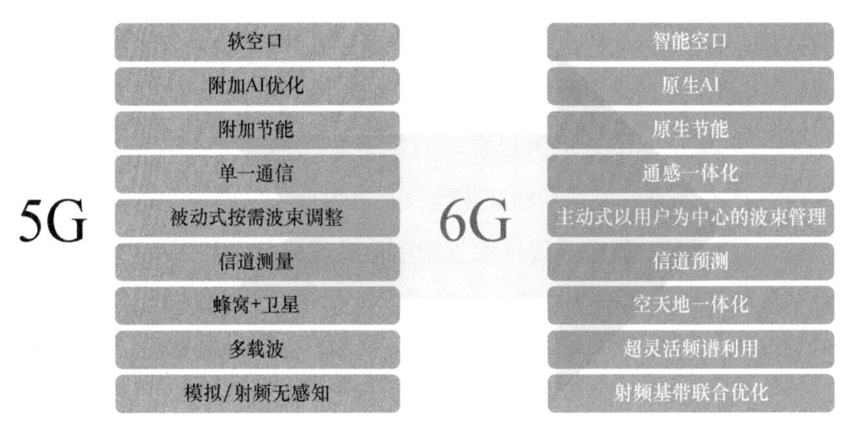

图 2-1 未来空口设计的范式转变

6G 应用场景更加多样化，性能指标更为多元化，为满足相应场景对吞吐量/时延/性能的需求，需要对空口物理层基础技术进行针对性的设计。在调制编码技术方面，需要形成统一的编译码架构，并兼顾多元化通信场景需求；在新波形技术方面，需要采用不同的波形方案设计来满足 6G 更加复杂多变的应用场景及性能需求；在多址接入技术方面，非正交多址接入技术将成为研究热点，并将从信号结构和接入流程等方面进行改进和优化。

超大规模MIMO技术是大规模MIMO技术的进一步演进升级，它可以在更加多样的频率范围内实现更高的频谱效率、更广更灵活的网络覆盖、更高的定位精度和能量效率。

带内全双工技术通过在相同的载波频率上，同时发射、同时接收电磁波信号，与传统的FDD、TDD等双工方式相比，不仅可以有效提升系统频谱效率，还可以实现传输资源更加灵活的配置。

2.2.1　无线空口物理层基础技术应用

6G应用场景更加多样化，性能指标更为多元化，为满足相应场景对吞吐量/时延/性能的需求，需要对空口物理层基础技术进行针对性的设计。6G智能空口设计结合了模型和数据双驱动的AI能力，以满足不同用户对空口的个性化优化需求。智能空口可以根据UE的特点来定制传输方案和参数，在不牺牲系统容量的前提下，提升体验。智能空口还可以灵活扩展，支持接近零时延的URLLC服务。简单、高效的信令机制也最大限度减少了信令开销和时延。

通信技术的发展离不开物理层的创新。6G的新场景和应用所需要的超高速率，超大容量，极高的可靠性和极低的时延，都必须建立在物理层可能提供的链路和系统容量之上。预期6G的底层将采用一系列新技术，包括新型工艺和材料、新型器件、新频段（太赫兹）、新型双工复用方式、新型电磁波传播方式。除了传统的低频段和5G开始采用的毫米波，6G会扩展到更高的频段，包括太赫兹（0.1~10THz）和可见光，以获取更高的带宽，更大的复用系数和容量。而新频谱的引入，必将带来材料、工艺和器件的创新。全双工的使用，可操控的信道环境和新型电磁波传播模式，又引入更多的自由度，以提高链路和系统容量。同时在相对传统的领域，包括波形、编码与调制、多址接入和天线技术等方面，也将突破4G/5G的局限，更加逼近香浓极限，同时为新的部署场景和使用需求提供支持和便利。人工智能的广泛使用，更是对传统物理层设计的一次挑战，必将带来革命性的创新。

在调制编码技术方面，需要形成统一的编译码架构，并兼顾多元化通信场景需求。例如，极化（Polar）码在非常宽的码长/码率取值区间内都具有均衡且优异的性能，通过简洁统一的码构造描述和编译码实现，可获得稳定可靠的性能。极化码和准循环低密度奇偶校验（LDPC）码都具有很高的译码效率和并行性，适合高吞吐量业务需求。

（1）信道编码

传统信道编码的设计目标是无限逼近单链路信道的香农极限。为了增加系统容量并提供更多连接，需设计针对多用户且适应非正交多址接入的信道编码。LDPC码具有较低的编解码复杂度和较高的设计灵活性，在广播、卫星通信、Wi-Fi、5G和存储领域广泛应用。近年来提出的多用户MU-LDPC编码可以适用于非正交多址接入系统。区别于传统的二元域信道编码，为了提高衰落信道下和高信噪比场景下的信道编码的鲁棒性，可以考虑多进制编码，例如多进制LDPC和多进制低密度格码（Low-Density Lattice Code）[12]等。另一方面也可以考虑对5G Polar码、LDPC编码和4G Turbo码的进一步增强，以适应6G新场景。例如对短码性能的增强，用于提高不同场景下控制信道和业务信道的鲁棒性。

（2）信号调制

由于调制解调实现复杂度较低，基于均匀星座点分布的QAM调制广泛应用于4G、5G移动通信系统，但是与最优的高斯星座相比，QAM调制至少有0.53dB的性能损失。与QAM调制相比，APSK调制对非线性PA更具鲁棒性，而且对高频信号的相位噪声不太敏感，同时考虑到移动系统会逐渐向更高频段扩展，因此在 6G 移动通信系统中可以考虑 APSK 等非均匀星座调制。

为避免符号间干扰（ISI），传统的通信系统的码元速率不能超过奈奎斯特速率。2013 年，Mazo 首次提出了超奈奎斯特（FTN）传输技术，并证明了在码元速率超过奈奎斯特速率的 25%以内时，传输信号的欧氏距离并不会减小，因此人为引入的 ISI 在提高系统频谱效率的同时，并未恶化系统的差错概率性能。李道本教授提出了重叠复用原理，并给出了基于重叠复用原理的重叠时分复用 OVTDM 信号传输模型，如图 2-2 所示。从信号传输模型可以看出，与奈奎斯特传输系统相比，码元速率提高了 K 倍，系统的频谱效率也相应提高了 K 倍。李道本教授同样证明了 OVTDM 在没有扩展信号带宽的条件下，系统容量可以超越奈奎斯特系统的香农信道容量。

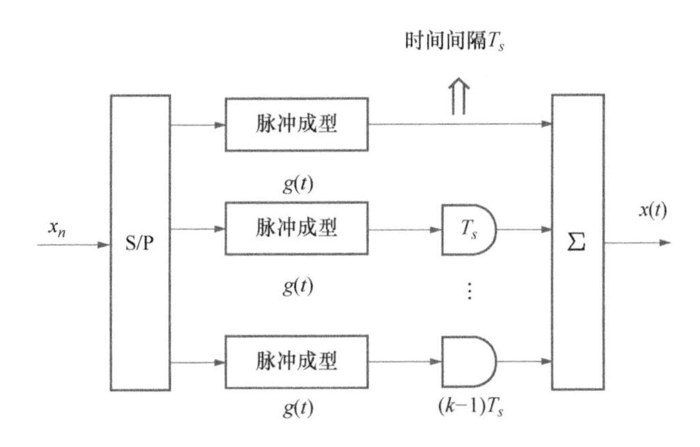

图 2-2　重叠时分复用 OVTDM 传输模型

FTN 系统和 OVTDM 系统都是通过人为引入 ISI 的方式提高码元传输速率，从而提高系统的频谱效率，相应的代价是接收机复杂度较高。例如对于单载波 OVTDM 系统，接收机需要利用复杂度较高的最大似然序列检测（MLSD）算法来恢复信号；当 OVTDM 和 OFDM 调制相结合时，会引入额外的子载波间干扰（ICI）。因此低复杂度的接收机算法是 FTN 和 OVTDM 应用首要解决的问题。

在新波形技术方面，需要采用不同的波形方案设计来满足 6G 更加复杂多变的应用场景及性能需求。例如，对于高速移动场景，可以采用能够更加精确刻画时延、多普勒等维度信息的变换域波形；对于高吞吐量场景，可以采用超奈奎斯特（FTN）系统、高频谱效率频分复用（SEFDM）和重叠 X 域复用（OVXDM）等超奈奎斯特系统来实现更高的频谱效率。

由于极简的收发机结构和灵活的资源分配方式，OFDM 波形深入应用在 4G 和 5G 系统中。上行则采用 DFT-s-OFDM 波形来降低发射机 PAPR（峰值平均功率比）。为了降低带外辐射，同时保证单用户信号能量在时域频域的集中，5G 标准化初期提出了不同的 OFDM 和 DFT-s-OFDM 的变种，但最终没有反映在空口协议里，可以由厂家自己实现。考虑到太赫兹等超高频段的引入，信号的数字化处理会更具挑战，模拟信号处理会显得尤为重要，还需要考虑更严重的相位噪声，更严格的峰均比，此时需要全新的信号波形设计。

在多址接入技术方面，为满足未来 6G 网络在密集场景下低成本、高可靠和低时延的接入需求，非正交多址接入技术将成为研究热点，并将会从信号结构和接入流程等方面进行改进和优化。通过优化信号结构，提升系统最大可承载用户数，并降低接入开销，满足 6G 密集场景下低成本高质量的接入需求。通过接入流程的增强，可满足 6G 全业务场景、全类型终端的接入需求。面对海量物联的需求，6G 通信也需要在已有频谱资源下实现更高的数据传输速率。要进一步提高频谱效率，一方面靠多天线、调制编码、双工等传统物理层技术进步，另一方面要持续探索新的物理维度和传输载体，从信息传输方式角度实现革命性突破，如轨道角动量技术（OAM）。

多址接入技术决定了网络容量和系统基本性能，正交多址接入不仅可以避免用户间干扰，同时接收机复杂度较低，因此在1G到5G系统中得到了广泛采用。相比于正交多址接入，非正交多址接入（NOMA）通过功率域或编码域的复用，允许不同用户占用相同的时间、频率和空间资源进行数据传输，能够更加逼近系统内在的容量，可以满足6G系统的高速、海量连接需求。

5G NR Rel-16对上行多种NOMA技术进行了较为全面的评估，包括多种NOMA方案的收发机复杂度，以及不同方案在同步和非同步场景下的系统性能。遗憾的是，由于各家公司NOMA方案的复杂多样性，最终没能在5G中标准化，但是相关的评估结果在6G中依然有参考价值，候选方案可以在6G场景中进一步评估和调研。

对于下行多址而言，脏纸编码理论指出，在发射机已知信道和干扰的条件下，通过发射机信号预处理可以实现多用户无干扰传输，从而提升系统容量。THP预编码是一种实用的脏纸编码，基站通过合理调度，可以在发射端进行多用户下行预干扰消除，终端采用单用户接收机即可实现无干扰传输。另一种方式是功率域叠加编码配合干扰消除接收机，4G LTE系统在Rel-13版本中引入了多用户叠加传输（Multi-user Superposition Transmission，MUST）技术，基站调度一个远用户（低SNR）和一个近用户（高SNR）通过星座叠加在功率域进行下行传输复用，终端采用干扰消除接收机即可恢复出信号。与正交传输相比，系统吞吐量大约有30%左右的提升。考虑到6G通信系统对低成本和低复杂度终端的支持，6G系统可以在下行考虑多用户THP预编码来提升系统容量。

2.2.2　超大规模MIMO技术应用

超大规模MIMO技术是大规模MIMO技术的进一步演进升级。天线和芯片集成度的不断提升将推动天线阵列规模的持续增大，通过应用新材料，引入新的技术和功能（如超大规模口径阵列、可重构智能表面（RIS）、人工智能和感知技术等），超大规模 MIMO 技术可以在更加多样的频率范围覆盖，同时拥有更高的定位精度和更高的能量效率。超大规模 MIMO 技术具备在三维空间内使用的能力。

超大规模 MIMO 技术将传统 MIMO 天线阵列的思想发挥到了极致，通过最小化天线单元的尺寸和间距，并将无限个天线单元以空间连续的 TX 和 RX 孔径的形式集成到有限的表面积中。它可以看作是光学全息技术的射频模拟，即在一个连续的有限区域内记录和处理无线电信号的电磁场。可以通过将大量有源天线以分数波长天线间距紧密地封装在一个小区域内实现；或者采用可编程超表面来实现。

使用“连续”孔径，可以获得比传统大规模 MIMO 技术更高的空间分辨率，为每个用户形成更细的波束，几乎可以完全消除用户间的干扰。超大规模 MIMO 技术还可以在非常宽的频率范围内消除任何不需要的旁瓣，从而在微波到太赫兹范围内重复使用相同的天线孔径。超大规模 MIMO 技术可以集成到一个大的表面，如墙壁或广告牌。

波束调整的能力，除地面覆盖之外，还可以提供非地面覆盖，如覆盖无人机、民航客机甚至低轨卫星等。随着新材料技术的发展，以及天线形态、布局方式的演进，超大规模 MIMO 技术将与环境更好地融合，进而实现网络覆盖、多用户容量等指标的大幅度提高。分布式超大规模 MIMO 技术有利于构造超大规模的天线阵列，网络架构趋近于无定形网络，有利于实现均匀一致的用户体验，获得更高的频谱效率，降低系统的传输能耗。

此外，超大规模 MIMO 阵列具有极高的空间分辨能力，可以在复杂的无线通信环境中提高定位精度，实现精准的三维定位；超大规模 MIMO 的超高处理增益可有效补偿高频段的路径损耗，能够在不增加发射功率的条件下提升高频段的通信距离和覆盖范围；引入人工智能的超大规模 MIMO 技术有助于在信道探测、波束管理、用户检测等多个环节实现智能化。

超大规模 MIMO 所面临的挑战主要包括成本高、信道测量与建模难度大、信号处理运算量大、参考信号开销大和前传容量压力大等问题。此外，低功耗、低成本、高集成度天线阵列及射频芯片是超大规模 MIMO 技术实现商业化应用的关键。

2.2.3　全双工技术应用

传统双工模式包括 TDD（时分双工）和 FDD（频分双工），它们用来避免发射机信号对接收机信号在时域或频域上的干扰。全双工通信又称为同频双向同时通信，也就是通信的双方可以在相同的时间相同的频率发送和接收信息的信息交互方式。相对于传统双工通信链路，全双工通信技术能够在理论上将系统频谱效率提高一倍。它消除了 TDD 和 FDD 系统帧格式的差异，为更加灵活的帧格式配置提供基础。全双工通信支持传输数据的同时接收反馈信息，缩短了无线空口时延。基于高容量、低时延，灵活帧结构配置的优点，全双工通信在蜂窝网络、中继网络和物联网领域都有广阔的应用。

当发射机发送信号时，其中的部分能量会被工作在相同频率的自身接收机收到，这就是自干扰问题。如果发射机和接收机距离较近，发射信号的能量可能会比接收到的信号能量高很多。为了实现全双工通信，自干扰问题必须解决。在接收机上进行自干扰消除需考虑非线性干扰，接收机饱和度、振荡器的相位噪声、I/Q 支路不平衡等问题。常见自干扰技术包括天线自干扰技术、射频自干扰技术、数字自干扰技术等。它们可以联合使用进行多级干扰消除，达到更好的效果。自干扰算法的选择与天线配置、系统工作频率、信号带宽、发射天线功率等参数相关。自干扰技术保证了单节点的全双工通信。为了实现多节点之间的全双工通信，还需要进一步增强无线MAC协议和调度机制。

除了自干扰消除、MAC协议和调度机制增强设计，全双工技术还需要考虑和现有双工技术结合及现有通信协议兼容的问题。这样通过将部分传统双工通信设备替换为全双工通信设备，就可实现系统的平滑过渡切换。

带内全双工技术通过在相同的载波频率上，同时发射、同时接收电磁波信号，与传统的FDD、TDD等双工方式相比，不仅可以有效提升系统频谱效率，还可以实现传输资源更加灵活的配置。

全双工技术的核心是自干扰抑制，从技术产业成熟度来看，小功率、小规模天线单站全双工已经具备实用化的基础，中继和回传场景的全双工设备已有部分应用，但大规模天线基站全双工组网中的站间干扰抑制、大规模天线自干扰抑制技术还有待突破。在部件器件方面，小型化高隔离度收发天线的突破将会显著提升自干扰抑制能力，射频域自干扰抑制需要的大范围可调时延芯片的实现会促进大功率自干扰抑制的研究。在信号处理方面，大规模天线功放非线性分量的抑制是目前数字域干扰消除技术的难点，信道环境快速变化的情况下，射频域自干扰抵消的收敛时间和鲁棒性也会影响整个链路的性能。

2.3 新物理维度无线传输技术

6G包括卫星通信网络、无人机通信网络、陆地超密集网络、地下通信网络、海洋通信网络等。为了满足超高传输速率和超高连接密度的应用需求，包括毫米波、太赫兹在内的全频谱和信号高效传输新方法将被充分利用。信道仿真器是一种最基本、最有效的频谱研究方法。

最直观的信道预测方式是基于麦克斯韦方程和准确的边界条件的波导

计算方法，可以求得精确的电磁能量辐射分布。但在实际通信中，难以得到理想的准确边界条件，且麦克斯韦方程求解过程复杂而耗时，因此不适用于在实际通信中的信道建模。基于几何的信道仿真方式，则将传播的电磁波抽象为像射线一样的波束，来分别计算各种传播途径，包括直射、反射、绕射、透射等传播效果，并考虑环境模型抽象为具有统计特性的电磁参数，来计算发射时的极化系数，从而针对不同的具体场景做出准确的预测，其典型代表为射线跟踪法。该确定性信道建模方法可以提供准确的功率、时延、角度、极化等信道信息，适用于不同频段的时变多输入/多输出信道的仿真、预测与建模。在信道建模以及推进国际标准化工作上，可以提供信道数据支撑，与实测结果相结合，提出 6G 通信标准信道模型；在通信系统链路级和系统级仿真方面，可以提供准确的信道模型，为通信系统的设计与优化提供辅助。高性能射线跟踪平台可提供更大的算力，为 6G 的研发从信道仿真、建模到系统级的性能评估形成统一的整体，支撑以太赫兹、全息通信、空天地海一体化等为代表的关键技术和应用场景，实现 6G 智慧未来愿景。

6G 宽带通信系统将应用场景从物理空间推动到虚拟空间，在宏观上将实现满足全球无缝覆盖的“空—天—地—海”融合通信网络；在微观上满足不同个体的个性化需求，提供“随时、随地、随心”的通信体验，不仅解决了偏远地区和无人区的通信问题，还能以人类思维服务于每位客户，实现智慧连接、深度连接、全息连接和泛在连接。而建立这样的系统，需要海量异构网络的接入和全频谱融合协作，要把人工智能日益增强的算力更好地应用到通信系统，以物理层全新的空口技术甚至轨道角动量的革命性突破，来满足 6G 应用场景对超低时延、超大带宽、超大容量和极高可靠性、确定性的要求。

由于太赫兹丰富的频率资源，在 6G 的容量需求下，在基带处理中，初始阶段可以不用追求过高的调制阶数，所以对整个系统的计算复杂度可以不必像低频段资源的要求那样，对性能达到极致。为了满足全频段、多场景的挑战，具有弹性的基带处理架构是一个比较合适的选择。需要从 3 个角度考虑其灵活多样性：处理带宽和采样精度的灵活性；数字接口的能力适配性；基带处理的资源池化能力。

太赫兹场景面临的主要问题是路径损耗大、相位噪声高、功率放大器效率低等，所以需要一种太赫兹信号候选新波形。未来 6G 将包含比 5G 更多、更复杂的应用场景，不同应用场景的需求也不相同。对于一些特殊的应用场景，为了保证良好的性能，增强空口波形设计非常重要。目前，没有任何一种单一的空口波形方案可以满足 6G 各种不同应用场景的需求。例如对于太赫兹场景，为了克服一些挑战，单载波类型的增强波形可能是一个好的选择；对于室内热点覆盖场景，其需求包括更高的速率、更大的容量和更灵活的用户调度等，为了满足这些需求，基于正交频分复用技术（Orthogonal Frequency Division Multiplexing，OFDM）多载波类型的增强波形可能是一个好的选择；对于高多普勒频移场景，基于正交时频空间（Orthogonal Time Frequency Space，OTFS）类型的增强波形可能是一个好的选择。因此，设计多种波形类型的组合方案将可以满足 6G 不同场景的需求。在多种波形类型组合方案中，不同波形之间的灵活切换、配合及兼容性等问题也需要深入细化地进行研究。

低峰均比调制方式是太赫兹通信空口技术需要重点研究的方向。目前，业界提出了一些低峰均比调制方案，包括 FDSS+pi/2 BPSK、8-BPSK 和 CPM 等，这些方案虽然峰均比很低，但解调性能会有损失。因此，仍然需要进一步研究峰均比低且解调性能好的新型调制方式。

太赫兹通信相位噪声很高，虽然接收端能够补偿大部分相噪，但残留相噪仍然会影响性能。因此，需要为太赫兹通信设计能很好抑制相噪的新型调制方式。由于相位噪声与加性高斯白噪声（Additive White Gaussian Noise，AWGN）有不同的特性，因此需要研究新型的解调算法，以保证良好的解调性能。另外，为了满足 6G 爆发式增长的容量需求，提高频谱效率也非常重要。一些高频谱效率的调制技术，比如 FTN 和高频谱效率频分复用（Spectrally Efficient Frequency Division Multiplexing，SEFDM），也值得进一步深入研究。相对于传统移动通信频段，太赫兹频段的路损衰减很大。然而，得益于太赫兹频段单位面积可以容纳更多天线的特点，可以通过波束的方式来克服路损衰减大的不利因素。波束管理主要包括如下关键技术。

1）波束训练：太赫兹波束数目多，主要解决的问题是如何以较低的训练开销、时延及复杂度，快速找到满足传输条件的波束链路，解决方案可考虑如何充分利用空域的稀疏性。

2）波束跟踪：太赫兹波束窄，容易发生切换，主要解决的问题是随着终端的移动，准确、快速地对使用的波束链路进行调整、切换，解决方案可考虑与人工智能结合。

3）波束恢复：太赫兹信号绕射能力弱，容易发生阻塞，主要解决的问题是当原有波束链路失效时，收发可以快速重建新的波束链路进行通信，解决方案可考虑多个节点之间的协作传输。

除传统的增强无线空口技术外，业界也在积极探索新的物理维度，以实现信息传输方式的革命性突破，包括智能超表面技术、轨道角动量技术和智能全息无线电技术等。

轨道角动量（OAM）技术是电磁波固有物理量，同时也是无线传输的新维度。利用不同模态 OAM 电磁波的正交特性可大幅提升系统频谱效率。

智能全息无线电（IHR）技术是利用电磁波的全息干涉原理实现电磁空间的动态重构和实时精密调控，将实现从射频全息到光学全息的映射，通过射频空间谱全息和全息空间波场合成技术实现超高分辨率空间复用，可满足超高频谱效率、超高流量密度和超高容量需求。

2.3.1 智能超表面技术发展方向

智能超表面（RIS）技术采用可编程新型亚波长二维超材料，通过数字编码对电磁波进行主动的智能调控，形成幅度、相位、极化和频率可控制的电磁场。智能超表面技术通过对无线传播环境的主动控制，在三维空间中实现信号传播方向调控、信号增强或干扰抑制，构建智能可编程无线环境新范式，可应用于高频覆盖增强、克服局部空洞、提升小区边缘用户速率、绿色通信、辅助电磁环境感知和高精度定位等场景。

智能超表面技术用于通信系统中的覆盖增强，可显著提升网络传输速率、信号覆盖，以及能量效率。通过对无线传播环境的主动定制，可根据所需无线功能，如减小电磁污染和辅助定位感知等，对无线信号进行灵活调控。智能超表面技术无须传统结构发射机中的滤波器、混频器，以及功率放大器组成的射频链路，可降低硬件复杂度、成本和能耗。

智能超表面技术所面临的挑战和难点主要包括超表面材料物理模型与设计、信道建模、信道状态信息获取、波束赋形设计、被动信息传输和AI使能设计等。

在部分大规模天线研究中，智能反射表面技术是通过控制在无线传播环境中部署的亚波长人工合成超材料的电磁特性，使电磁波入射超材料时，能够获得预期的反射信号或透射信号，以达到控制信号的幅度、频率、相位、极化特性，实现干扰协调（吸波与全反射）、波束形成与信号补盲（入射信号与反射信号可以不满足镜像关系）、非线性频谱搬移（谐波）、简化射频（射频功能向材料层下移）、生成电磁波轨道角动量信号（产生正交信号）、解决高频信号绕射传播、无线供电、低成本相控阵等6G应用价值。当前，该技术方向的研究难点在于超材料的制造工艺、超材料与有源器件的结合、超材料与天线结合、多维调控耦合等问题。随着全球天线和传播学术界，以及产业界的持续投入研究，新型的大规模天线阵列性能将得到改善，帮助实现 6G 无线通信的性能指标。

2.3.2　轨道角动量发展方向

轨道角动量（OAM）是电磁波固有物理量，同时也是无线传输的新维度，是当前 6G 潜在关键技术之一。利用不同模态 OAM 电磁波的正交特性可大幅提升系统频谱效率。具有 OAM 的电磁波又称为“涡旋电磁波”，其相位面呈现螺旋状，不是传统的平面相位电磁波。涡旋电磁波分为由天线发射的经典电磁波波束和用回旋电子直接激发的电磁波量子态。电磁波轨道角动量提供了除频率、相位、空间之外的另一个维度，给人们提供了一个新的视角去认识和利用电磁波。

OAM 电磁波波束是一种空间结构化波束，可以看成是一种新型 MIMO 波束赋形方式，可由均匀圆形天线阵列、螺旋相位板和特殊反射面天线等特定天线产生，不同 OAM 模态的波束具有相互正交的螺旋相位面。在点对点直射传输时，与传统 MIMO 波束相比可大幅降低波束赋形和相应数字信号处理的复杂度。OAM 波束传输最大的难点源于其倒锥状发散波束，使 OAM 波束在长距离传输和波束对准等方面面临挑战。随着工作频点和带宽的进一步提高，器件工艺、天线设计、射频信号处理等是未来商用需要克服的关键技术难点。

OAM 量子态要求光量子或微波量子具有轨道角动量，目前发射和接收无法采用传统天线完成，需要特殊的发射接收装置。目前 OAM 量子态的研究主要集中在 OAM 电磁波量子的高效激发、传输、接收、耦合、模态分选等具体方法，以及设备小型化等领域。

整数倍OAM模态数的电磁波之间相互正交，在同一个频点可以通过OAM复用传输多路正交信号，从而提高频谱效率，增加信道容量。具有不同模态数的电磁涡旋波间相互正交，因此在无线传输过程中，可以在同一载波上将信息加载到具有不同轨道角动量的电磁波上，实现大数据量的传输，这种OAM电磁波复用技术可有效提高频谱利用率，理论上可以达到如图2-3所示的A区域。

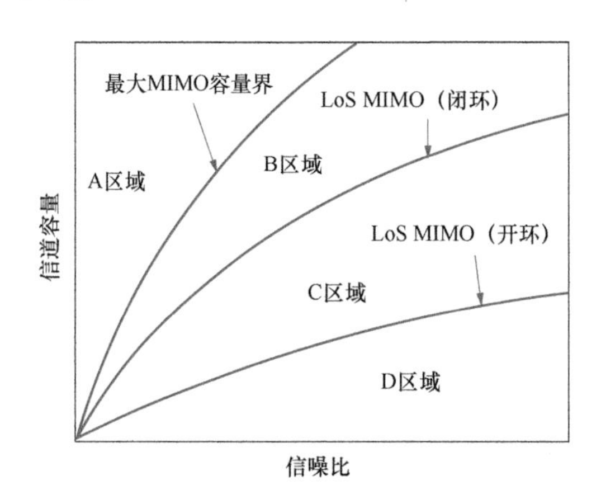

图2-3　应用OAM提升传输容量的方法分类概念图

未来OAM统计波束传输在6G场景中的应用可以是从宏基站到微基站的链路回传，也可以是终端与终端之间的近场通信。此外，广义OAM波束用于微基站到用户端接入的6G场景，尤其可以考虑作为OAM多址的接入方案。

2.3.3　智能全息无线电技术发展方向

智能全息无线电（IHR）技术是利用电磁波的全息干涉原理实现电磁空间的动态重构和实时精密调控，将实现从射频全息到光学全息的映射，通过射频空间谱全息和全息空间波场合成技术实现超高分辨率空间复用，可满足超高频谱效率、超高流量密度和超高容量需求。

智能全息无线电技术是6G候选热点技术之一，利用电流片（Current Sheet）的超宽带紧耦合天线阵列（Tightly Coupled Array，TCA），实现连续孔径的天线阵列接收和测量信号波连续的波前相位。从信道建模的角度而言，只要能对TCA的每一个天线振子对应的多径信道进行准确的表征，将每一个天线振子对应的信道冲击响应（Channel Impulse Response，CIR）进行联合处理，即可得到全息无线电链路的整体信道。然而，由于要实现连续孔径有源天线阵列，TCA的天线振子数目巨大，而且需要考虑天线振子之间的互耦效应，这使得计算复杂度面临计算效率的瓶颈。利用CloudRT平台，则可以有效突破算力瓶颈，准确表征TCA接收信号的连续相位变化，生成准确的全息无线电信道信息。

智能全息无线电具有超高分辨率的空间复用能力，主要应用场景包括超高容量和超低时延无线接入、智能工厂环境下超高流量密度无线工业总线、海量物联网设备的高精度定位和精准无线供电，以及数据传输等。此外，智能全息无线电通过成像、感知和无线通信的融合，可精确感知复杂电磁环境，支撑未来电磁空间的智能化。

智能全息无线电基于微波光子天线阵列的相干光变频，可实现信号的超高相干性和高并行性，有利于信号直接在光域进行处理和计算，解决智能全息无线电系统的功耗和时延挑战。

智能全息无线电在射频全息成像和感知等领域已有一定程度的研究，但在无线通信领域的应用仍面临许多挑战和难点，主要包括智能全息无线电通信理论和模型的建立；基于微波光子技术的连续孔径有源天线阵列与高性能光计算之间的高效协同、透明融合和无缝集成等硬件及物理层设计相关等问题。

2.4 新型频谱使用技术

频谱是无线通信的主要资源，也是每一代无线通信技术考虑的主要因素：数据速率越高，对频谱的要求也越高。为了实现更大规模的经济效益、更便捷的全球漫游，使整个行业取得全球性的成功，在全球范围内统一的频谱分配流程势在必行。伴随着移动通信技术的代际演进，频谱也逐渐扩展到更高频段。5G 开创性地使用了毫米波频段，而 6G 预计将探索太赫兹（或亚太赫兹）等更高频段。在移动通信系统实现广覆盖的过程中，中低频段扮演着不可或缺的角色，而 6G 则进一步提出“多层频段框架”的概念。

中低频段仍是实现广覆盖最经济的方式。700~900MHz 的低频段，以及 3~5GHz 的中频段在 5G 中发挥了至关重要的作用，预计这些频段也将在 6G 中延续使用。面向 2030 年及更远的未来，特别是在多运营商共存的情况下，要支撑流量的持续增长，至少还需要额外 1~1.5GHz 的中频段，其中，6GHz（即 5925~7125MHz）和 10GHz（即 10~13.25GHz）是最有竞争力的两个选择。相较于 3.5GHz 而言，这两个频段的传播衰减会略有上升（仍在可接受的范围内），但得益于更先进的无线技术，路径损耗会进一步降低。

毫米波频段在 6G 中趋于成熟。毫米波频段的无线传播特征比中低频段更恶劣，因此挑战也更大。与此同时，6G 也会涌现出新的驱动因素：毫米波频段的大量可用带宽对于 6G 所需的超高速率至关重要。毫米波频段使感知分辨率达到厘米级，有助于利用网络基础设施来绘制地图。由于可用带宽、天线孔径大小等限制，中频段很难做到这一点；无线电技术的不断发展将进一步提升毫米波频段的利用率。未来，E 频段（即 71~76GHz 和81~

86GHz）将成为支持连续大带宽的主力频段，而频谱的高效利用则依赖接入回传一体化（IAB）这一关键技术。

太赫兹频段为感知与通信注入无限可能。太赫兹频段的一个显著优势是能提供超大带宽，目前已经有大约 230GHz 的频谱分配给了 100～450GHz 太赫兹频段内的移动服务，使短距离（小于 10m）和中距离（如 200m）通信得以实现高数据速率。此外，太赫兹频段中的超大带宽和短波长也有助于提升感知分辨率。未来，融入了太赫兹感知技术的智能手机将帮助人类增强感知能力，例如检测食物中的卡路里，发现水管中针孔大小的漏水点，便捷安检等，然而，硅技术的间接带隙限制了它的光子应用。因此，有人提出了磷化铟和砷化稼等具有直接带隙的Ⅲ-V 型半导体，但这类半导体成本较高，难以在市场上广泛运用。为了克服硅的局限性并充分利用光子特性，出现了硅与Ⅲ-V 型半导体的异构集成技术。使用标准光刻工艺在硅晶片上集成Ⅲ-V 材料，将二者的优势结合起来，在光子应用中彰显出巨大潜力。此外，潜在的大孔径优势也有助于提高感知应用的分辨率。

6G 将提供通用、高性能的无线连接，在速度上可媲美光纤。图 2-4 展

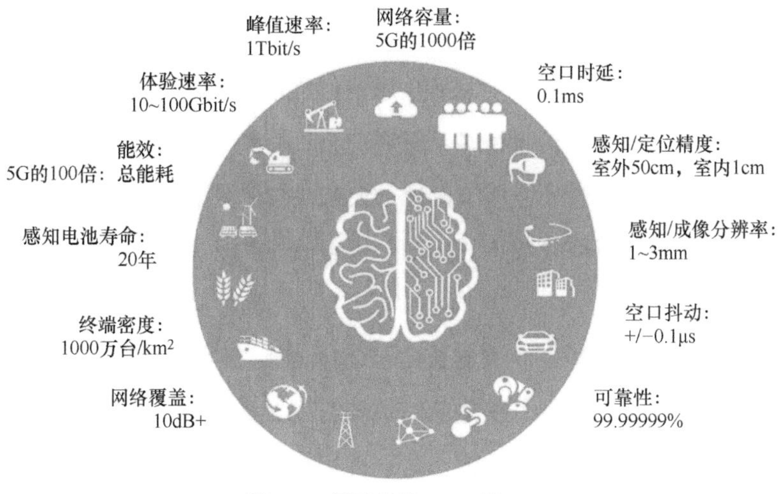

图 2-4　极致连接 RAN 的 KPI

示了 6G 无线接入网的主要 KPI。Tbit/s 级峰值速率、10～100Gbit/s 体验速率、亚毫秒级时延、十倍于5G 的连接密度、cm 级定位、mm 级成像、基于可控误差分布的端到端系统可靠性等指标的达成，不仅能实现以人为本的沉浸式业务，还将加速垂直行业的全面数字化转型和生产力升级。

无线流量的增长推动了更宽频谱的需求，这往往需要更高的频率来满足，但移动通信系统基础设施倾向于使用较低频率的频谱实现广泛的覆盖。无线技术经过几代更迭，越来越多的新频段被用于网络升级。除了毫米波频谱，6G 还将使用太赫兹甚至可见光光谱，有望首次使用全频谱来提供极致连接。

太赫兹频段（0.1～10THz）位于微波与光波之间，频谱资源极为丰富，具有传输速率高、抗干扰能力强和易于实现通信探测一体化等特点，重点满足 Tbit/s 量级大容量、超高传输速率的系统需求。

太赫兹通信可作为现有空口传输方式的有益补充，将主要应用在全息通信、微小尺寸通信（片间通信及纳米通信）、超大容量数据回传、短距超高速传输等潜在应用场景。同时，借助太赫兹通信信号进行高精度定位和高分辨率感知也是重要应用方向。

作为一种新型无线技术，太赫兹通信面临诸多挑战。研究人员目前正在探索大功率设备、新天线材料、射频功率晶体管、太赫兹收发机片上架构、信道建模和阵列信号处理等设计。太赫兹技术能否在 6G 中成功应用，取决于太赫兹相关器件（如电子/光子/混合收发机、片上天线阵列等）的工程突破。

太赫兹通信需要解决的关键核心技术及难点主要包括以下几个方面。收发架构设计方面，目前太赫兹通信系统有三类典型的收发架构，包括基于全固态混频调制的太赫兹系统、基于直接调制的太赫兹系统和基于光电结合的太赫兹系统，小型化、低成本、高效率的太赫兹收发架构是亟待解决的技术问题。射频器件方面，太赫兹通信系统中的主要射频器件包括太赫兹变频电路、太赫兹混频器、太赫兹倍频器和太赫兹放大器等。当前太赫兹器件的工作频点和输出功率仍然难以满足低功耗、高效率、长寿命等商用需求，需要探索基于锗化硅、磷化铟等新型半导体材料的射频器件。基带信号处理方面，太赫兹通信系统需要实时处理 Tbit/s 量级的传输速率，突破低复杂度、低功耗的先进高速基带信号处理技术是太赫兹商用的前提。太赫兹天线方面，目前高增益天线主要采用大尺寸的反射面天线，需要突破小型化和阵列化的太赫兹超大规模天线技术。此外，为了实现信道表征和度量，还需要针对太赫兹通信不同场景进行信道测量与建模，建立精确实用化的信道模型。

可见光通信指利用400~800THz 的超宽频谱的高速通信方式，具有无须授权、高保密、绿色和无电磁辐射的特点。可见光通信比较适合于室内的应用场景，可作为室内网络覆盖的有效补充，此外，也可应用于水下通信、空间通信等特殊场景，以及医院、加油站、地下矿场等电磁敏感场景。

可见光通信（VLC）是一种潜在的无辐射传输技术，它提供的无线连接无须依赖电磁场。然而，与低功耗、小尺寸、低成本设备进行可见光通信需要大规模微 LED 阵列技术的支持，才能达到几十 Tbit/s 的速率。此外，虽然可见光通信可以使用大量免授权频谱接入，但其 6G 应用的成功与否仍面临上行传输、移动性管理和高性能收发机等多方面的挑战。

当前大部分无线通信中的调制编码方式、复用方式、信号处理技术等都可应用于可见光通信来提升系统性能，可见光通信的主要难点在于研发高带宽的 LED 器件和材料，虽然可见光频段有极其丰富的频谱资源，但受限于电光器件的响应性能，实际可用的带宽很小，如何提高发射、接收器件的响应频率和带宽是实现高速可见光通信必须解决的难题。此外，上行链路也是可见光通信面临的重要挑战，通过与其他通信方式的异构融合组网是解决可见光通信上行链路的一种方案。

2.4.1 太赫兹通信关键问题

太赫兹技术被业界评为“改变未来世界的十大技术”之一，6G的一个显著特点就是迈向太赫兹时代。当前，太赫兹通信关键技术研究还不够成熟，很多关键器件还没有研制成功，需要持续突破。结合6G网络和业务需求，太赫兹领域主要研究的内容包括：太赫兹空间与地面通信和信道传输理论，包括信道测量、建模和算法等；太赫兹信号编码调制技术，包括高速高精度的捕获和跟踪机制、波形 & 信道编码、太赫兹直接调制、太赫兹混频调制和太赫兹光电调制等；太赫兹天线和射频系统技术，包括新材料研发、新器件研制、太赫兹通信基带、天线关键技术、高速基带信号处理技术和集成电路设计方法等；太赫兹通信系统实验、太赫兹硬件及设备研制等。

6G系统频段可达太赫兹（THz），天线体积小型化，业界称6G系统天线将是“纳米天线”，给传统天线及射频、集成电子和新材料等领域带来颠覆性变革，赋能超大规模天线技术、一体化射频前端系统关键技术、动态频谱共享技术等。

（1）超大规模天线技术（Very Large Scale Antenna）

超大规模天线技术是更好发挥天线增益，提升通信系统频谱效率的重要手段。当前6G太赫兹频谱特性研究还处于初级阶段，超大规模天线在理论和工程设计上面临大范围跨频段、空天地海全域覆盖理论与技术设计、射频电路的高功耗和多干扰等问题，需要从以上问题出发，建立新型大规模阵列天线设计理论与技术、高集成度射频电路优化设计理论与实现方法，以及高性能大规模模拟波束成型网络设计技术、新型电子材料及器件研发关键技术等机制，研制实验样机，支撑系统性能验证。

（2）一体化射频前端系统关键技术

针对6G移动通信高集成、大容量等技术特性，应对6G网络可用频段范围内大规模天线和射频前端技术进行研究。针对核心频段技术要求和电路建模理论，优化天线架构和系统集成技术。探索高效率易集成收发前端关键元部件，以及辐射、散热等关键技术问题，突破超大规模MIMO前端系统技术等。同时研究新型器件设计方法，探索基于第三代化合物半导体芯片的集成与封装技术。研究从封装方面提升电路性能的方法，实现毫米波芯片、封装与天线一体化，优化前端系统的整体射频性能。

（3）动态频谱共享技术

6G的太赫兹频率特性使其网络密度骤增，动态频谱共享成为提高频谱效率、优化网络部署的重要手段。动态频谱共享采用智能化、分布式的频谱共享接入机制，通过灵活扩展频谱可用范围、优化频谱使用规则的方式，进一步满足未来6G系统频谱资源使用需求。未来结合6G大带宽、超高传输速率、空天地海多场景等需求，基于授权和非授权频段持续优化频谱感知、认知无线电、频谱共享数据库、高效频谱监管技术是必然趋势。同时也可以推进区块链+动态频谱共享、AI+动态频谱共享等技术协同，实现6G时代网络智能化频谱共享和监管。

2.4.2　应用场景和关键价值

太赫兹通信技术凭借其极高的数据传输速率、安全性等一系列优势，在未来的6G无线网络中将有广阔的应用前景。如片上通信、超高速率无线接入、高速基站间回传、安全通信、空间通信等。太赫兹频段凭借丰富的频段资源优势，受到学术界的热烈关注，也受到欧、美、日等区域、国家的高度重视，成为目前极具潜力的6G关键候选频谱技术。全球首份

6G白皮书报告中对未来众多6G候选技术应用潜力和技术影响力进行了分析和预估。14个6G潜在无线技术方向中，包含6个与太赫兹相关的技术方向，分别包括太赫兹通信相关的关键器件材料工艺（磷化铟、锗硅、CMOS、石墨烯、无损太赫兹材料等）和无线物理层设计等。

尽管各式半导体、金属等材料器件的提出大幅度提高了THz通信设备性能，但是目前的THz器件仍不能满足超高性能的THz通信技术要求。首先，THz射频器件发射功率有限，限制了THz在室外远距离通信场景中的应用。当传输距离达到几十m甚至是km级别时，太赫兹通信能耗就会极大提高，大大缩短了移动端电池的使用寿命。与此同时，在THz通信中，随着发射功率的提高，器件会更容易发热，因此会对器件的微散热技术提出更高要求。其次，未来6G网络移动端用户将以海量的形式存在，这就要求通信端THz核心芯片具备集成度高、体积小等特点。因此解决可商用太赫兹器件和标准化太赫兹通信系统的搭建问题是太赫兹通信能否用于6G超高信道容量系统的关键。

（1）大容量基带处理技术的分析

由于太赫兹丰富的频率资源，在6G的容量需求下，在基带处理中，初始阶段可以不太追求过高的调制阶数，所以对整个系统的计算复杂度可以不必像低频段资源的要求那样，对性能达到极致。但不得不看到的是，动辄几个GHz的带宽，对基带平台的数模转换需求，数字IQ传输需求，物理层的处理技术，都形成了硬件设计和器件技术的压力。

为了满足全频段多场景的挑战，具有弹性的基带处理架构是一个较合适的选择。需要从三个角度考虑灵活多样性：①处理带宽和采样精度的灵活性，针对调制和解调变化或者自适应性，以及物理工作带宽的自适应性，显然兼具多域能力的需求也是未来研究的一个重点工作；②数字接口的能力适配性，这方面的研究重点是如何在满足最大能力的基础上，降低代价，可以在接口多适配和多速率，以及节能方面进行研究，推动该高速接口的发展和标准、器件研究；③基带处理的资源池化能力，作为需满足各种空口需求的物理层处理，需要从应用场景，对采用的 6G 热点技术进行匹配，选取最经济的方式实现基带算法的处理，这要求我们在研究中，充分深入研究多种 6G 热点技术的基本原理，实践数据，并采用兼容的原则进行分析，得出具有统一性的需求，指导未来基带处理平台技术的研究。

（2）太赫兹通信原型系统

太赫兹通信原型系统的链路调制方式目前主要有两种不同架构：

一种是光电结合的方案，利用光学外差法产生频率为两束光频率之差的太赫兹信号，该类方案的优点是传输速率高，缺点是发射功率低，系统体积大，能耗高，适用于地面短距离高速通信方面，较难用于远距离通信。

另一种太赫兹通信链路是与微波无线链路类似的全固态电子链路，利用混频器将基带或中频调制信号搬移到太赫兹频段，该类方案采用全电子学的链路器件，优点是射频前端易集成和小型化，功耗较低，缺点是发射功率和工作能效也较低。

目前制约太赫兹无线通信系统投入商业使用的最主要的因素是商用太赫兹射频器件的短缺，由于相比 5G 的毫米波，太赫兹的工作频段更高也更宽，对无线射频器件如混频器、本振源、倍频器、滤波器等的设计和加工都有很苛刻的要求，太赫兹通信系统的搭建也比 4G 和 5G 通信系统的搭建困难数倍。

（3）太赫兹天线技术

太赫兹天线由于工作频段极高，所对应的辐射单元物理尺寸极小。0.1THz 标准偶极子天线的长度大概在 1.5mm 左右。因此太赫兹天线的加工和制作有很高的难度，这极大地限制了可使用的太赫兹天线的形式。

然而由于太赫兹频段的电磁波在空气中衰减要比毫米波大上许多，太赫兹通信需要高天线增益来补偿极大的信号传输损耗，因此高增益的太赫兹天线设备至关重要。当前成熟太赫兹射频器件的缺乏让太赫兹通信系统对天线增益的需求更加严重，现阶段由于太赫兹阵列天线技术不成熟，反射面天线技术是实现高增益太赫兹天线的主要手段，然而这种技术难以实现灵活的波束成形，限制了太赫兹频段下多用户复杂通信的实现。因此需要相控阵列天线增大太赫兹天线灵活性。然而，目前太赫兹相控阵列天线的技术突破有限，仍需要在材料、器件等方面实现技术攻关。

（4）区块链技术

5G 网络运营商为了优化服务，采用网络切片等技术控制和处理流量，开展用户差异化的质量服务。6G 网络将持续完善用户个性化制定服务，采取更为丰富的手段，针对流量管理、边缘计算等进行每个用户的智能化柔性定制服务，整个网络体系采用自动化分布架构，网络更加趋于扁平化，这就使得新兴的区块链技术备受期待。区块链是分布式数据库，可以利用其分布式信息处理技术，通过数据的去中心化传输和存储保证用户信息不被第三方窃取，稳步提升网络服务节点之间的协作效率，提高不同运营商网络协同服务能力，甚至改变未来使用无线频谱资源的方式。

（5）空天地海一体化通信技术

业界有观点认为，6G 网络是 5G 网络、卫星通信网络及深海远洋网络的有效集成，卫星通信网络涵盖通信、导航、遥感遥测等各个领域，实现空天地海一体化的全球连接。空天地海一体化网络将优化地（现有陆地蜂窝、非蜂窝网络设施等）、海（海上及海下通信设备、海洋岛屿网络设施等）、空（各类飞行器及设备等）、天（各类卫星、地球站、空间飞行器等）基础设施，实现太空、空中、陆地、海洋等全要素覆盖。当前，卫星通信纳入 6G 网络作为其中一个重要子系统得到普遍认可，需要对网络架构、星间链路方案选择、天基信息处理、卫星系统之间互联互通等关键技术进行深入研究。针对深海远洋通信网络纳入 6G 网络还处于初步论证、争议较大的环节。

6G 主要促进的就是互联网的发展，应该说它将是一个地面无线与卫星通信集成的全连接世界。通过将卫星通信整合到 6G 移动通信，可以实现全球“无盲区”覆盖，网络信号能够抵达任何一个偏远乡村，让大山深处的病人能接受远程医疗，让孩子们能接受远程教育。对汽车而言，无论跑到哪里，都不会因没有信号而失去智能。

6G 技术不再是简单的网络容量和传输速率的突破，它更能缩小数字鸿沟，实现万物互联的“终极目标”。6G 的数据传输速率可能达到 5G 的 50~100 倍，时延缩短到 5G 的十分之一，在峰值速率、时延、流量密度、连接数密度、移动性、频谱效率、定位能力等方面远优于 5G。

6G 将实现几乎没有时延的车联网通信，有助于实现超能交通。未来网络中的每辆车都将配备各种传感器，包括摄像头、激光雷达，还有用于 3D 成像的太赫兹阵列、里程表和惯性测量单元。所用算法可快速融合来自多个来源的数据，判断周边环境、生物体的状态，避免碰撞或人员受伤。

6G 更有助于车路协同，成为自动驾驶技术中单车智能的有益补充。单车智能主要通过在车上安装传感器、雷达、摄像头来感知环境，通过车内计算机系统对这些信息进行处理并做出反应。如果天气或传感器异常，就会导致单车智能系统探测不到路上的人和障碍物，从而发生事故。

6G 车路协同利用高速通信将车上传感器感知、路上传感器获取的信息与云端进行联网交互，实现协同决策，靠计算机判断、发出动作指令实现自动驾驶。因此，6G 是自动驾驶汽车在全场景、全工况下落地上路的关键。

2.5 通信感知一体化技术等新型无线技术

通信感知一体化是 6G 潜在关键技术的研究热点之一，其设计理念是要让无线通信和无线感知两个独立的功能在同一系统中实现互惠互利。一方面，通信系统可以利用相同的频谱甚至复用硬件或信号处理模块完成不同类型的感知服务。另一方面，感知结果可用于辅助通信接入或管理，提高服务质量和通信效率。

6G 将具备互联感知能力。未来的 6G 系统，频段更高（毫米波和太赫兹）、带宽更大、大规模天线阵列分布更密集，因此单个系统能够集成无线信号感知和通信能力，使各个系统之间可以相互提升性能。整个通信系统可以视作一个传感器，可以感知无线电波的传输、反射和散射，以便更好地理解物理世界，并以此为基础提供更多的新业务，因而被称为“网络即传感器”。图 2-5 展示了 6G 感知所支持的四类新业务用例。另一方面，感知可以实现高精度定位、成像和环境重建等能力，从而更精确地掌握信道信息，提高通信性能。例如，可以提高波束赋形的准确性、加快波束失败

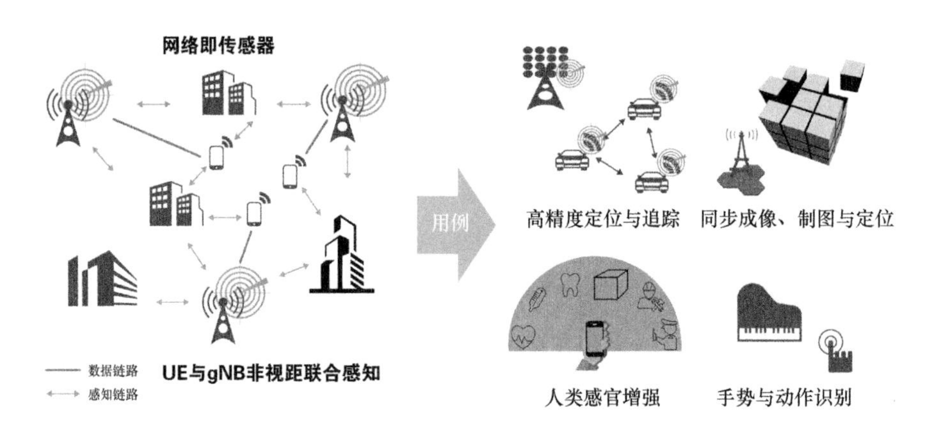

图 2-5 网络感知使能超越通信的新业务

恢复的速度、降低跟踪信道状态信息的开销，这就是“感知辅助通信”。此外，感知作为 6G 的基础特性，能观测并对物理世界和生物世界进行采样，从而开启了物理和生物世界与数字世界融合的“新通道”。正因为如此，实时感知对未来实现“数字孪生”这一概念非常重要（“数字孪生”是指为物理世界复刻出一个平行的数字世界）。

在未来通信系统中，更高的频段（毫米波、太赫兹甚至可见光）、更宽的频带带宽，以及更大的天线孔径将成为可能，这些将为在通信系统中集成无线感知能力提供可能。通过收集和分析经过散射、反射的通信信号获得环境物体的形态、材质、远近和移动性等基本特性，利用经典算法或 AI 算法，实现定位、成像等不同功能。

传统的感知是一种独立功能，通过各种专用设备实现，如普通雷达、激光雷达、计算机断层扫描（CT）、磁共振成像（MRI）等。移动系统中的手机定位就是一种基本的类感知能力，它借助空口信令与终端测量来实现定位。与传统的感知实现方式相比，6G 网络中的通感一体化设计有两大目标和潜在优势：大幅降低由额外的感知设备带来的成本；利用广泛部署的基站和用户终端间的通信协作提升感知性能。

虽然天线等系统部件可以实现共用，但由于通信和感知的目的不同，通信与感知一体化设计还有很多技术挑战，主要包括通感一体化信号波形设计、信号及数据处理算法、定位和感知联合设计，以及感知辅助通信等。此外，可集成的便携式通感一体化终端设计也是一个重要方向。

通感一体化功能可分为多个等级，从松耦合到全面一体化，从频谱和硬件的共享推进到信号处理和协议栈的共享，甚至包括跨模块/跨层的信息共享。这种一体化不仅使通信和感知能力相互增强，还将促进一系列技术创新，包括新的系统级 KPI、联合理论界限、新信道模型和评估方法、波形联合设计、硬件联合设计、协议流程框架、协作感知和数据融合、AI 辅助感知、感知辅助 ML 等方面。

另外，半导体技术近期所取得的进步解决了“太赫兹 Gap”问题（指由缺少使能太赫兹的硬件技术带来的实现困难），有望推动各种太赫兹应用的快速发展。除超高分辨率成像外，利用太赫兹的波长范围和分子振动属性可以进行谱分析，来识别不同类型食物药品或空气污染的成分。由于太赫兹设备尺寸紧凑和非电离安全的特点，太赫兹感知可以集成到移动设备，甚至可穿戴设备中，用来识别食物中的卡路里含量、检测隐匿物体等。由此，6G 感知设备将成为众多 AI 创新应用的数据基础。

通信感知一体化的目标就是在同一频谱、同一设备上同时支持通信和感知功能，可提升频谱利用率、降低设备成本，使能通信和感知两个功能的高效协同和互惠互利。6G 的设计目标就是内生集成智能、通信和感知，因此通感一体化在 6G 网络中对频谱的需求整体上是全频段的，但同时也要结合不同频段的频谱特性，来分析和评估不同频段可达到的感知性能指标和可满足的感知业务能力。

无线感知通信一体化是基于软硬件资源共享或信息共享实现感知与通信功能协同的新型信息处理技术，是 6G 热点技术之一。

2.6 分布式网络架构

6G 网络将是具有巨大规模、提供极致网络体验和支持多样化场景接入，实现面向全场景的泛在网络。为此，需开展包括接入网和核心网在内的 6G 网络体系架构研究。对于接入网，应设计旨在减少处理时延的至简架构和按需能力的柔性架构，研究需求驱动的智能化控制机制及无线资源管理，引入软件化、服务化的设计理念。对于核心网，需要研究分布式、去中心化、自治化的网络机制来实现灵活的组网。

分布式自治的网络架构涉及多方面的关键技术，包括去中心化和以用户为中心的控制和管理；深度边缘节点及组网技术；需求驱动的轻量化接入网架构设计、智能化控制机制及无线资源管理；网络运营与业务运营解耦；网络、计算和存储等网络资源的动态共享和部署；支持任务为中心的智能连接，具备自生长、自演进能力的智能内生架构；支持具有隐私保护、可靠、高吞吐量区块链的架构设计；可信的数据治理等。

网络的自治和自动化能力的提升将有赖于新的技术理念，如数字孪生技术在网络中的应用。传统的网络优化和创新往往需要在真实的网络上直接尝试，耗时长、影响大。基于数字孪生的理念，网络将进一步向着更全面的可视、更精细的仿真和预测、更智能的控制发展。数字孪生网络是一个具有物理网络实体及虚拟孪生体，且二者可进行实时交互映射的网络系统。孪生网络通过闭环的仿真和优化来实现对物理网络的映射和管控。这其中，网络数据的有效利用、网络的高效建模等是急需攻克的问题。

网络架构的变革牵一发而动全身，需要在考虑新技术元素如何引入的同时，也要考虑与现有网络的共存共生问题。

2.6.1　分布式网络结构的组成

结合整个移动通信发展的历史可以看到，网络架构随着移动通信技术的发展不断变革和演进，3G 时代采用 NodeB、RNC 和 CN 三层架构，4G 时代采用全 IP 架构，网络结构缩减为 eNodeB、EPC 两层，5G 时代引入 IT 及大数据技术，实现 C/U 分离，以及支持网络切片。6G 网络将会由“3 层+4 面”组成：3 层包括资源层、功能层和服务层；4 面是指数据收集面、智能面、共享与协作面和安全面，以此实现未来网络 DICT 的深度融合。

至简网络方面，未来网络是融合的空天地海一体化网络，通过融合的通信协议和接入技术，实现对核心网的统一接入，从而实现网络的简化。

通过架构至简，功能至强以及协议至简，实现高效数据传输、鲁棒信令控制、按需网络功能部署，达到网络精准服务，有效降低网络能耗和规模冗余。至简网络还意味着轻量级的无线网络，通过统一的信令覆盖，保证可靠的移动性管理和快速的业务接入；通过动态的数据接入加载，降低小区间的干扰和整网能耗；通过基站功能的分阶段和按需加载，提供业务服务的个性化。

柔性网络方面，未来网络应该是一个端到端的微服务化网络，以用户为中心，网络资源去中心化管理。满足“产业、创新和基础设施”可持续发展要求，提升网络的能量效率，助力实现网络的自动化和智能化，以及新功能的快速引入和迭代。

智慧内生方面，AI 技术在近些年有了长足进步，可以很好地提升网络运维效率。中国移动希望能够把 AI 能力作为 6G 网络的一个神经系统，在端、边侧智能渗透，及时满足更多业务场景下的智能交互需求；实现分布式资源协同，提高网络能效，降低传输带宽要求；实施更快更实时的智能决策，使网络各域自优化、自完备，大幅降低网络运维成本。

数字孪生方面，通过数字孪生可以对每个网元、每个基站、每个用户服务进行实时监控，对可能发生的故障进行提前干预，提升网络运行效率。同时还可以对一些新功能进行提前验证，加速新功能的引入。

安全内生方面，对于 6G 网络来说，安全内生也是其非常重要的特征，AI 将会成为 6G 安全的引擎，通过 AI 的驱动实现信息的智能共识，攻击的主动防御，网络的自我免疫和进化，最终实现边、端、云能力的泛在协同。

2.6.2 分布式网络结构的优点

分布式结构无严格的布点规定和形状，各结点之间有多条线路相连。

优点：其特点为有较高的可靠性，当一条线路有故障时，不会影响整个系统工作；资源共享方便，网络响应时间短。

以前蜂窝网络从来没有真正被设计以室内覆盖为有效目标。而 6G 使用 Femto 单元设备或分布式天线系统来克服室内深度覆盖带来的挑战。

2.7　算力感知网络

为了满足未来网络新型业务以及计算轻量化、动态化的需求，网络和计算的融合已经成为新的发展趋势。业界提出了算力感知网络（或简称算力网络）的理念：将云、边、端多样的算力通过网络化的方式连接与协同，实现计算与网络的深度融合及协同感知，达到算力服务的按需调度和高效共享。

在 6G 时代，网络不再是单纯的数据传输，而是集通信、计算、存储为一体的信息系统。算力资源的统一建模度量是算力调度的基础，算力网络中的算力资源将是泛在化、异构化的，通过模型函数将不同类型的算力资源映射到统一的量纲维度，形成业务层可理解、可阅读的零散算力资源池，为算力网络的资源匹配调度提供基础保障。统一的管控体系是关键，传统信息系统中应用、终端、网络相互独立，缺乏统一的架构体系进行集中管控、协同，因此算力网络的管控系统将由网络进一步向端侧延伸，通过网络层对应用层业务感知，建立端、边、云融合一体的新型网络架构，实现算力资源的无差别交付、自动化匹配，以及网络的智能化调度，并解决算力网络中多方协作关系和运营模式等问题。

目前，产业界正从算网分治向算网协同转变，并将向算网一体化发展。这需要兼顾从云到网和从网到云的应用层与网络层发展的结合，以及相应的中心化和分布式控制的协同。

2.7.1 算力感知网络的价值

在网络和计算深度融合发展的大趋势下，网络演进的核心需求需要网络和计算相互感知，高度协同，算力感知网络基于无处不在的连接，将泛在计算互联，实现云、边、网高效协同，提高网络资源、计算资源利用效率，进而实现：

实时、快速业务调度：基于网络层实时感知业务需求和网络、计算状态，相比于传统的集中式云计算调度，算力感知网络可以结合实时信息，实现快速的业务调度；

保证用户体验一致性：网络可以感知无处不在的计算和服务，用户无须关心网络中的计算资源的位置和部署状态。网络和计算协同调度保证用户的一致体验；

服务灵活动态调度：网络基于用户的 SLA 需求，综合考虑实时的网络资源状况和计算资源状况，通过网络灵活匹配、动态调度，将业务流量动态调度至最优节点，让网络支持提供动态的服务来保证业务的用户体验。

2.7.2 算力感知网络体系架构

算力感知网络是计算网络深度融合的新型网络架构，以现有的 IPv6 网络技术为基础，通过网络连接分布式的计算节点，实现服务的自动化部署、最优路由和负载均衡，从而构建可以感知算力的全新网络基础设施，保证网络能够按需、实时调度不同位置的计算资源，提高网络和计算资源利用率，进一步提升用户体验，从而实现网络无处不在，算力无处不在，智能无所不及的愿景，如图 2-6 所示。

为了实现泛在计算和服务感知、互联和协同调度，算力感知网络架构体系从逻辑功能上可划分为算力服务层、算网管理层、算力资源层、算力路由层和网络资源层，其中，算力路由层包含控制面和转发面，如图 2-6 所示。

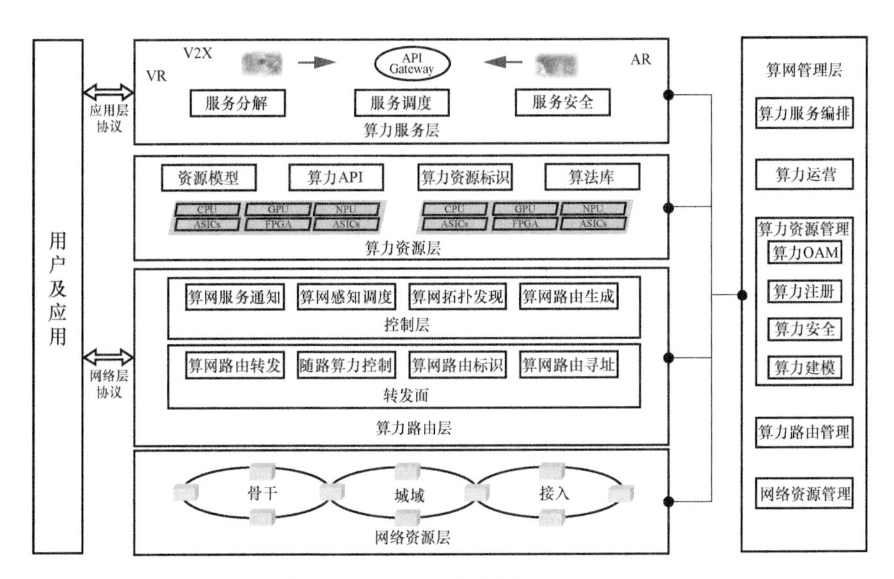

图 2-6　算力感知网络体系架构图

算力服务层：承载泛在计算的各类服务及应用，可以将用户对业务 SLA 的请求（包括算力请求等）参数传递给算力路由层，此外，算力服务层还可以接收来自终端用户的数据，并可以通过 API 网关实现服务分解、服务调度等功能。

算网管理层：完成算力运营及算力服务编排，完成对算力资源和网络资源的管理，包括对算力资源的感知、度量和 OAM 管理等；实现对终端用户的算网运营，以及对算力路由层和网络资源层的管理。

算力资源层：利用现有的计算基础设施提供算力资源，计算基础设施包括从单核 CPU 到多核 CPU，再到 CPU+GPU+FPGA 等多种计算能力的组合；为满足边缘计算领域多样性计算需求，面向不同应用，在物理计算资源基础上，提供算力模型、算力 API、算网资源标识等功能。

算力路由层：包含控制面和转发面；基于抽象后的算网资源发现，综合考虑网络状况和计算资源状况，将业务灵活按需调度到不同的计算资源节点中，算力路由层是算力感知网络的核心。

网络资源层：利用现有的网络基础设施为网络中的各个角落提供无处不在的网络连接，网络基础设施包括接入网、城域网和骨干网。

2.7.3 算力感知网络的关键技术与应用

算力感知网络体系架构包括算力度量与算力建模、算力路由层关键技术、算力管理层关键技术。

（1）算力度量与算力建模

作为算力感知网络的基础，如何对算力进行度量、建模，如何建立统一的算力模型是构建算力感知网络的基础问题。基于统一的度量体系，通过对不同计算类型进行统一的抽象描述，形成算力能力模板，可以为算力路由、算力设备管理、算力计费等提供标准的算力度量规则。

（2）算力路由层关键技术

算力路由层是算力感知网络的核心功能层，支持对网络、计算、存储等多维资源、服务的感知与通告，实现“网络+计算”的联合调度。算力路由层包括算力路由控制技术和算力路由转发技术，实现业务请求在路由层的按需调度。

（3）算力管理层关键技术

算力感知网络新型管理面包含算力设备的注册、OAM、运营等，通过统一的管理面，对网络和算力进行管理和监测，并可生成算力服务合约，以及计费策略对算力进行统一运营，如图 2-7 所示。

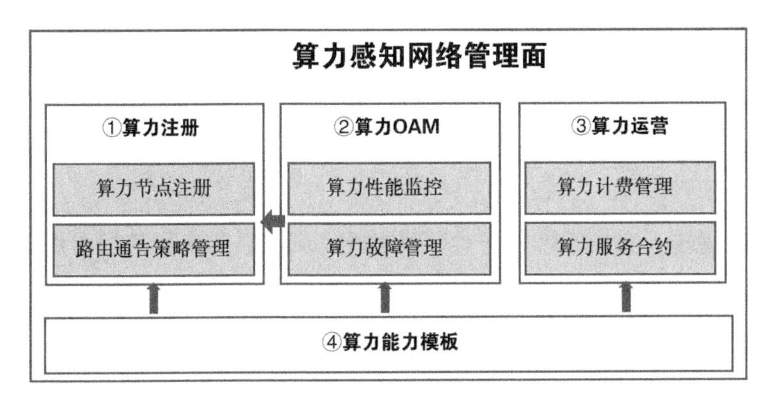

图 2-7 算力管理层

算力注册：对算力节点的注册、更新和注销，以及相应的路由通告策略进行管理。

算力 OAM：主要包括对算力资源层的算力性能监控、算力计费管理、算力资源的故障管理。

算力运营：基于若干个算力能力模板组合成算力合约，并生成相应的计费策略。

算力能力模板：基于统一的算力度量体系，通过对不同计算类型进行统一的抽象描述，形成算力能力模板。可以为算力设备管理、合约和计费，以及 OAM 提供标准的算力度量规则。

2.7.4 算力服务层关键技术与应用

算力服务层可以承载计算的各类服务及应用，借助于微服务架构可以有效地实现服务分解、服务调度等功能。大型应用程序分解为多个微服务时，每个微服务可能使用不同的技术栈（开发语言、数据库等），因此，需要将这些环境形成一个复杂的体系结构进行管理。目前，微服务架构上的部署依赖于以下技术：

容器技术：容器技术可以有效地将单个操作系统的资源划分到孤立的

组中，以便更好地在孤立的组之间平衡有冲突的资源使用需求。通过业务垂直拆分以及水平的功能拆分，可以将服务分解成多个细粒度的微服务，各微服务之间相互解耦，从而可以使用容器技术进行有效的管理和部署。

容器编排：容器编排是指对容器组件及应用层的工作进行组织的流程，可以实现海量容器的部署、管理、弹性伸缩、容器网络管理的自动化处理。服务分解后由多个解耦合的容器式组件构成，而这些组件需要通过相互间的协同合作，才能使既定的应用按照设计运作。容器编排工具允许用户管理容器部署与自动更新、运行状况监控，以及故障转移等过程。

2.7.5 算力感知网络相关标准化工作

中国移动全面布局算力感知网络的标准化研究，先后在 ITU、IETF、BBF、CCSA 等国内外标准化组织开展立项研究，积极推动算力感知网络的场景、需求、架构和关键技术研究与标准化工作。

1. 国际标准化工作

（1）ITU-T

中国移动在 ITU-T 开展了多项算力感知网络相关的标准化工作，在 FGNet2030 的研究报告中积极贡献算力感知网络的多项研究成果，“网络计算融合”作为典型应用场景之一，对该场景的多项指标进行了定性分析，提出了对未来网络的技术需求和管理需求。

（2）IETF

中国移动在 IETF 牵头推进需求、架构、试验等核心文稿和技术，于 2019 年 11 月共同举办了算力感知网络关键技术计算优先网络 CFN 的会议，获得 23 家公司 50 余名专家的支持，为推进算力感知网络的发展奠定了良好的基础。

（3）BBF

中国移动联合华为在 BBF 共同主导了城域算网的标准立项，对城域的算力感知网络开展研究，包括对场景、需求、架构及关键技术的研究，目前已经提交并通过多篇场景和需求文稿，后续将继续提交架构、关键技术相关文稿。

2. 国内标准化工作

（1）CCSA

中国移动在 CCSA 积极布局了算力感知网络的标准化研究工作，在 TC3 WG3（新型网络技术组）牵头推动了“算力感知网络的关键技术研究”课题立项，该立项将对算力感知网络的感知、控制和管理的关键技术体系进行研究；在 CCSA TC3 WG1（总体组）牵头推动《算力感知网络的架构和技术要求》行业标准成功立项，为推进算力感知网络协议技术的标准化工作奠定了坚实的基础。后续也将在算力感知的新型控制面协议、算力度量衡和建模方向继续推动标准化研究工作。

（2）网络 5.0 联盟

中国移动在网络 5.0 联盟积极推动算力感知网络的相关研究工作，作为算力网络特设组的联合牵头单位，与各单位共同推动算力网络的研究与产业推进工作，牵头梳理算力感知网络的相关架构、关键技术、组网视图等内容，后续将促进业界达成架构、关键技术等共识。

2.8　确定性网络

6G 网络将集成通信、感知、计算、智能等多种能力，因此有必要重新定义网络架构。新的网络架构需要灵活适配协同感知、分布式学习等任务，以实现 AI 应用的大规模普及，而可信则是其中的内生特性。此处的“可信”涵盖了网络安全、隐私、韧性、功能安全、可靠性等多个方面。

新一代信息技术与工业现场级操作技术的融合促使移动通信网络向“确定性网络”演进。工业制造、车联网、智能电网等时延敏感类业务的发展，对网络性能提出了确定性需求，包括端到端的及时交付，即确定的最小和最大时延以及时延抖动；各种运行状态下的丢包率；数据交付时有上限的乱序等。

确定性的能力涉及端到端无线接入网、核心网和传输网络的系统性优化，涉及资源的分配、保护、测量、协同 4 个方面。在资源分配机制方面，沿着数据流经过的路径逐条分配资源，包括网络中的缓存空间或链路带宽等，消除网络内数据包争用而导致的丢包；通过预调度、优化调度流程，减少调度时延和开销。在服务保护机制方面，包括研究数据包编码解决随机介质错误造成的丢包，设计数据包复制和消除机制防止设备故障，空口在移动、干扰、漫游时的服务保护方法等。在 QoS 度量体系方面，增加 QoS 定义的维度，包括吞吐量、时延、抖动、丢包率、乱序上限等，研究多维度 QoS 的评测方法，建立精准的度量体系。在多网络跨域协同方面，研究跨空口、核心网、传输网、边界云、数据中心等多域融合的控制方法和确定性达成技术。

数据以及由数据衍生出的知识和智能，驱动 6G 网络架构重新设计。为了从设计上实现端到端原生可信，需要开发全新的特性。例如，开发全新的数据治理框架，为数据合规和变现提供支持；采用更先进的技术来保护用户隐私和抵御量子攻击。

2.8.1 时间敏感网络的标准

时间敏感网络（TSN：Time Sensitive Networking）指的是 IEEE802.1 工作组中的 TSN 任务组正在开发的一套协议标准。该标准定义了以太网数据传输的时间敏感机制，为标准以太网增加了确定性和可靠性，以确保以太网能够为关键数据的传输提供稳定一致的服务级别。

众所周知，通用以太网是以非同步方式工作的，网络中任何设备都可以随时发送数据，因此在数据的传输时间上既不精准也不确定；同时，广播数据或视频等大规模数据的传输，也会因网络负载的增加而导致通信的时延甚至瘫痪。因此，通用以太网技术仅仅是解决了许多设备共享网络基础设施和数据连接的问题，但却并没有很好地实现设备之间实时、确定和可靠的数据传输。

出于对设备控制性能的要求，工业制造领域比较早地意识到了这一点，于是从 20 世纪末开始，业内多家协议组织（如 PI、ODVA、ETG、ESPG）分别基于原有的现场总线技术开发出各自的实时工业以太网协议，并将其应用到工业制造现场。

不过，我们真的很难将这些所谓的工业以太网协议称为“标准”。尽管它们普遍有着相似的用户需求和细分市场，但实际上相互之间的生态系统却有着极大的差异。它们中大多会通过一个组织运营，而在其身后则有着来自市场中某个主流玩家的引导和资助。用户和制造商在产品设计、制造、运行、诊断、维护和使用过程中的每个环节都需要面临不同的技术方案，例如芯片、主板、连接器、线缆、软件等，这无疑会带来技术实施的复杂性和成本的增加。

另外，随着工业互联网进程的推进，工业制造系统正在变得越来越庞大，各类设备间的互联互通也开始变得越来越重要，这几乎将成为智能制造成功的关键。然而多种以太网协议的并存却恰恰成了这其中的一个巨大障碍。因为我们真的很难想象在制造业现场从信息、控制、传感和执行机构等各个层面只使用来自某一家或一个组织的产品系统和解决方案，而与此同时，这些总线系统之间却基本谈不上有什么兼容性和互操作性。

所以在工业制造领域长期以来一直迫切需要有一种具备时间确定性的通用以太网技术。然而事实上，这样的需求却不仅仅是来自于工业制造行业。比如在音频视频领域或汽车行业，多通道数据的同步传输也需要有一种可靠的、具备时间确定性的网络通信技术，以帮助简化复杂系统中的线路敷设。

2006年，IEEE802.1工作组成立AVB音频视频桥接任务组，并在随后的几年里成功解决了音频视频网络中数据实时同步传输的问题。这一点立刻受到来自工业等领域人士的关注。2012年，AVB任务组在其章程中扩大了时间确定性以太网的应用需求和适用范围，并同时将任务组名称改为现在的：TSN任务组。

所以TSN其实指的是在IEEE802.1标准框架下，基于特定应用需求制定的一组“子标准”，旨在为以太网协议建立“通用”的时间敏感机制，以确保网络数据传输的时间确定性。而既然是隶属于IEEE802.1下的协议标准，TSN就仅仅是关于以太网通信协议模型中的第二层，也就是数据链路层（更确切地说是MAC层）的协议标准。请注意，这是一套协议标准，而不是一种协议，就是说TSN将会为以太网协议的MAC层提供一套通用的时间敏感机制，在确保以太网数据通信的时间确定性的同时，为不同协议网络之间的互操作提供了可能性。

2.8.2 时间敏感网络的价值

时间敏感网络（TSN）会给工业互联网的构建带来5大价值：

1）创建一种通用语言。通过建立对时间同步的统一理解，以及对所有数据包和信息的统一处理，TSN允许数据使用通用的第二层语言。尽管设备互操作性挑战仍然存在，但制造商将能够从数据中获得更多价值，这些数据现在可以共存于同一以太网中。

2）具备可伸缩性和敏捷性。TSN 可跨线速扩展，从而使设备制造商能够扩展应用的带宽（以及复杂性和功耗）。这种可扩展性使解决方案可以针对问题进行量身定制，从而确保在工厂中进行具有成本效益的通信。

3）在标准以太网上提供足够的确定性和可靠性。TSN 支持实时、确定性数据，这对准确性和精确性至关重要。如果以任何方式时延或关闭控制数据点的时间，则机器可能无法正确响应。过去，这些问题已经通过对互操作性产生负面影响的专有技术得以解决。TSN 具有标准以太网所具有的互操作性、可伸缩性和规模经济性，从而为这些确定性通信应用提供了便利。

4）帮助缩小信息技术（IT）和运营技术（OT）专家之间的鸿沟。通过提供一套通用的工具，TSN 支持 IT 和 OT 团队不同的目标。它提供了一种支持协作的通用框架，一种共享语言。过去，很多资深的 OT 专家可能无法将其积累的专业知识同步到 IT 系统体系之中。通过提供使 IT 专家能够支持工业以太网的通用框架，TSN 可以缓解这些跨行业技能之间的鸿沟。毕竟，具备标准以太网和 IP 网络技术能力的资源更容易获得。

5）最大化工厂资产效率。标准的以太网和 IP 技术提高了业务决策的可见性。这种对数据的普遍访问使工业自动化控制供应商能够：

- 确保全球运营的一致质量和性能。
- 在制造与需求之间取得平衡，以优化材料使用和资产利用率。
- 改善并符合法规要求。
- 实施更灵活，更敏捷的制造业务，以应对瞬息万变的市场环境。
- 通过减少平均维修时间（MTTR）和提高整体设备效率（OEE）来满足按时交付的苛刻要求和指标。
- 降低全球制造工厂内制造和 IT 系统的设计、部署和成本。
- 无论地点在哪里，都能改善对工厂现场发生的事件的响应速度。

毫无疑问，时间敏感网络（TSN）标准是实现工业4.0以及构建更多应用程序的关键。当然，这只是我们将第四次工业革命带入各个产业的生态系统的一部分。

2.9 星地一体融合组网

6G将实现地面网络、不同轨道高度上的卫星（高中低轨卫星）以及不同空域飞行器等融合而成全新的移动信息网络，通过地面网络实现城市热点常态化覆盖，利用天基、空基网络实现偏远地区以及海上和空中按需覆盖，具有组网灵活、韧性抗毁等突出优势。星地一体的融合组网将不是卫星、飞行器与地面网络的简单互联，而是空基、天基、地基网络的深度融合，构建包含统一终端、统一空口协议和组网协议的服务化网络架构，在任何地点、任何时间、以任何方式提供信息服务，实现满足天基、空基、地基等各类用户统一终端设备的接入与应用。

6G将整合地面网络和非地面网络（NTN），提供全球覆盖，给当前未联网的区域提供网络连接。随着卫星制造和发射成本的降低，众多低轨或超低轨（LEO/VLEO）卫星将应用于非地面网络，大型超低轨卫星星座极有可能成为6G的重要组成部分。超低轨卫星系统除了提供全球覆盖，也会产生一些新的能力和优势。比如，可以解决传统地球同步轨道卫星、中轨卫星系统固有的通信时延问题，还能通过无线接入的方式为地面网络提供补充覆盖。超低轨卫星系统的定位也更精确，这不仅对自动驾驶有着决定性的影响，在地球感测与成像方面也发挥着重要作用。大型低轨卫星星座通信要实现比传统长距离光纤通信更低的时延，必须满足特定的区域特征。

6G时代的星地一体融合组网，将通过开展星地多维立体组网架构、多维多链路复杂环境下融合空口传输技术、星地协同的移动协议处理、天基高性能在轨计算、星载移动基站处理载荷、星间高速激光通信等关键技术的研究，解决多层卫星、高空平台、地面基站构成的多维立体网络的融合接入、协同覆盖、协调用频、一体化传输和统一服务等问题。由于非地面网络的网络拓扑结构动态变化以及运行环境的不同，地面网络所采用的组网技术不能直接应用于非地面场景，需研究空天地海一体化网络中的新型组网技术，如命名/寻址、路由与传输、网元动态部署、移动性管理等，以及地面网络与非地面网络之间的互操作等。

星地一体融合网络需要拉通卫星通信与移动通信两个领域，涉及移动通信设备、卫星设备、终端芯片等，既有技术也有产业的挑战。此外卫星在能源、计算等资源方面的限制也对架构和技术选择提出了更高的要求，需要综合考虑。

除卫星通信外，无人机、UAV 和高空平台（HAPS）等新型的无线节点也是 6G 网络的重要组成部分，这些新节点既可以用作移动终端，也可以用作临时的基础设施节点，地面与非地面网络一体化让 6G 与之前的移动通信系统大不相同。

目前，非地面网络的设计和运营与地面网络是分开的。但在 6G 时代，非地面网络的功能、运营、资源和移动性管理有望合为一体。这种一体化系统会使用唯一的 ID 来标识每台终端，统一计费流程，并通过最优接入点持续提供高质量服务。由于采用了虚拟空口，非地面接入点的增加和移除对终端来说是透明的。鉴于卫星的部署、维护和能量来源与地面网络完全不同，未来也可能出现新的运营和商业模式。

通过将卫星通信整合到 6G 移动通信，实现全球无缝覆盖，让网络信号抵达任何一个偏远的乡村，让深处山区的病人能接受远程医疗，让孩子们能接受远程教育，这就是 6G 的未来。同时，在全球卫星定位系统、电信卫星系统、地球图像卫星系统和 6G 地面网络的联动支持下，地空全覆盖网络还能帮助人类预测天气、快速应对自然灾害等。

2.10 网络内生安全等新型网络技术

信息通信技术与数据技术、工业操作技术融合、边缘化和设施的虚拟化将导致6G网络安全边界更加模糊，传统的安全信任模型已经不能满足6G安全的需求，需要异构融合网络的集中式第三方信任模式的，以及去中心化的多模信任模式。

未来的6G网络架构将更趋于分布式，网络服务能力贴近用户端提供，这将改变单纯中心式的安全架构；感知通信、全息感知等全新的业务体验，以用户为中心提供独具特色的服务，要求提供多模、跨域的安全可信体系，传统的“外挂式”“补丁式”网络安全机制对抗未来6G网络潜在的攻击与安全隐患更具挑战。人工智能、大数据与6G网络的深度融合，也使得数据的隐私保护面临着前所未有的新挑战。新型传输技术和计算技术的发展，将牵引通信密码应用技术、智能韧性防御体系，以及安全管理架构向具有自主防御能力的内生安全架构演进。

6G的安全架构应奠定在一个更具包容性的信任模型基础之上，具备韧性且覆盖6G网络全生命周期，内生承载更健壮、更智慧、可扩展的安全机制，涉及多个安全技术方向。融合计算机网络、移动通信网络、卫星通信网络的6G安全体系架构及关键技术，支持安全内生、安全动态赋能；终端、边缘计算、云计算和6G网络间的安全协同关键技术，支持异构融合网络的集中式、去中心化和第三方信任模式并存的多模信任模式；贴合6G无线通信特色的密码应用技术和密钥管理体系，如量子安全密码技术、逼近香农一次一密和密钥安全分发技术等；大规模数据流转的监测与隐私计算的理论与关键技术，高通量、高并发的数据加解密与签名验证，高吞吐量、易扩展、易管理，且具备安全隐私保障的区块链基础能力；拓扑高动态和信息广域共享的访问控制模型与机制，以及隔离与交换关键技术。

从技术层面来看，（由密码技术和防御技术实现的）网络安全、隐私和韧性通常被称为可信的三大支柱，这三大支柱又细分为十大板块（安全三块、隐私两块、韧性五块），如图2-8所示。这三大支柱和十大板块的设计目标总结如下：

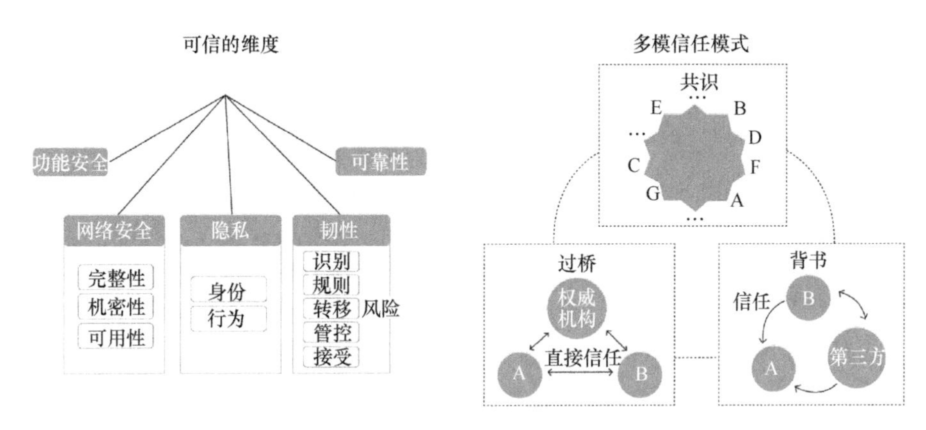

图2-8　可信的维度和多模信任模型

①平衡的安全：不同场景下，各类资产可能需要不同等级的保护，或者在完整性、机密性、可用性方面各有侧重。

②持久的隐私保护：用户的身份和行为受到保护。只有经过用户授权，才可以对用户间传输的内容进行解读。

③智能的韧性：面对各类故障和挑战，需要借助态势感知、大数据分析来识别并规避或转移风险，使服务水平保持在可接受的范围。如果无法规避或转移风险，则必须对结果进行管控，并确保仅接受无害的残余风险。

确定性网络的应用在克服多方面极具挑战的技术之外，如何高效低成本地实现确定性网络、降低高精准带来高成本是决定其产业化推广需解决的问题。另外，以下两项技术需要重点关注：

①多模信任模式：包容性的多模信任模式（包含过桥、共识、背书等模式）将成为未来安全体系的基础。由于6G网络架构向分布式发展，基于共识的模型或将成为多模信任模式中最重要的一种模式。为此我们需要发展分布式账本技术（如类区块链技术），但前提是先解决无线网络的一些新挑战，包括低时延、高可用性、高可靠性、隐私保护有效性和数字主权等。

②后量子加密：量子计算的发展对基于大素数质因子分解、离散算法等数学问题的经典密码学带来了挑战。密钥生成算法与交换算法是密码学中不可或缺的两个要素。在6G中，为防止量子计算攻击，可以在物理层使用“一次性口令”（OTP）的加密方式进行全双工通信。实现量子计算后，由于存在量子纠缠现象，量子通信技术的安全性更高并且时延更低。轻量级加密算法和隐私合规相关算法是后量子加密领域颇具潜力的技术，值得进一步研究。

将安全架构与网络架构的迭代进行一体化设计是关键。通信网络安全需兼顾通信和安全，在代价和收益之间做出平衡，同时以“安全防护无止境”为始终，从攻防对抗视角动态度量通信网络安全状态，结合区块链等技术的引入不断演进。

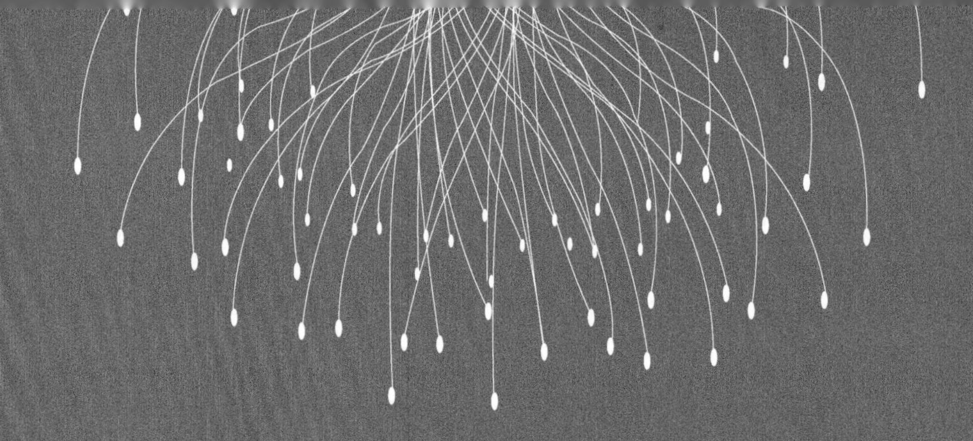

第 3 章

6G的应用畅想

3.1 交互式的沉浸式体验应用场景

6G 应用场景和新设备的应用与创新是 6G 发展的重要驱动力。智能手机已成为我们生活中不可或缺的一部分，但随着新的显示技术、传感和成像设备，以及低功耗专用处理器的飞速发展，硬件设备将进入一个新时代。在新时代，设备将与感官和运动控制无缝结合在一起。虚拟现实（VR）、增强现实（AR）和混合现实（MR）正在融合到扩展现实（XR）中，该技术包含可穿戴的显示装置，以及产生并保持感知错觉的交互机制。

1. 智能手机很有可能被 XR 眼镜所替代

未来，轻巧的 XR 眼镜能以前所未有的分辨率、刷新率和动态范围将图像投射到眼睛上，并通过耳机和触觉界面把反馈提供给其他感官系统。要实现这一体验，必要的配套技术包括：

1）成像设备，例如光场、全景、深度感应和高速相机；

2）用于监视使用者健康状况的生物传感器；

3）用于计算机图形、计算机视觉、传感器融合、机器学习和人工智能的专用处理器；

4）无线技术，包括定位和传感。

2. 新的技术将使远程呈现成为可能

随着高分辨率成像和传感设备、可穿戴显示装置、移动机器人和无人机、专用处理器，以及下一代无线网络等辅助技术的发展，远程呈现最终将成为现实。人物模型可以通过实时捕获、传输和渲染会议中每个参与者的三维全息再现，或者通过图形组合表示（如化身）和传感器捕获的移动数据来实现。XR 设备等可以创造感知上的错觉，使地理上分散的一群人相信他们出现在同一个位置。借助这些技术，人们甚至可以影响远程世界的变化，典型的应用领域包括远程教育、协同设计、远程医疗、远程办公、先进的三维模拟、培训，以及国防等。

3. 自动驾驶汽车将成为可能

即使有了远程呈现，人员和货物的流动随着人口增长和全球化推进仍然面临严峻挑战。畅想在 2030 年及以后的世界，将会有数百万辆联网的自动驾驶汽车，通过高度协同的系统使运输和物流更加高效。这些汽车包括在家庭、工作场所或学校之间移动的自动驾驶汽车，也包括送货的自动卡车或无人机，这对于提高生产效率、减少化石燃料消耗均具有重要意义。

在 6G 网络中，每辆车都将配备许多传感设备，包括相机、激光扫描仪、可能用于三维成像的太赫兹宽带阵列成像设备、里程表和惯性测量单元。在算法上，自动驾驶必须快速融合多来源数据，以决定如何控制车辆，并具有专用的交互界面，以提醒乘客或监督员注意潜在风险。在网络上，无线网络除了具有低时延和高带宽外，还必须有超高可靠性。

eMBB+是增强型移动宽带（eMBB）的持续演进针对以人为中心的通信用例。eMBB+将在 XR 应用和通信中实现极致的沉浸式体验和多感官互动。XR 应用包括增强现实 AR、虚拟现实 VR 和混合现实 MR。eMBB+对峰值数据速率和用户体验速率、端到端时延、系统容量（即吞吐率、连接数量）

提出了更高的要求。娱乐、教育、制造和导航领域也会使能一批新用例，给人们的生活、学习、工作和旅行带来全新体验。无论是室内还是室外，目标活动区域的无缝用户体验都会得到保障，即便目标是在极端的高速移动状态。此外，还需保障偏远地区、飞机和船舶上的用户体验速率，支持高质量的泛在连接。下面通过一些例子来阐述这些用例。

（1）极致沉浸式云VR

360°的极致沉浸式XR衍生自当前的XR服务，但是分辨率将更高，视频帧率接近人类感知极限，交互时延极低，保障了最佳的沉浸式视觉体验。例如，人们可以在虚拟环境中随时随地和朋友踢球、观看比赛，甚至从裁判视角观看球赛。为了避免长时间使用导致头晕的情况，晕动症是VR需要考虑的一个重要因素。云VR的目标头动感知时延接近人类的感知极限（约10ms），仅为当前VR要求的一半。除了极致的频分辨率和色深，极致VR还需要将原始数据速率提高100倍以上。用户终端通常在功率和重量方面有严格的限制，且算力有限，因此需要在架构上支持纯远程渲染，这对传输时延（RTT小于2ms）和数据速率提出了更高要求。

（2）触觉与多感官通信

触觉通信涉及物体的表面、触摸、刺激、运动、振动、力等实时触觉信息，这些信息与视听信息一起通过网络传输。穿上触觉衣，人们可以感受到虚拟足球的纹理、重量、压力，虚拟的足球比赛也变得真切起来。出门在外，人们也可以通过触觉衣与家人拥抱，仿佛家人就在身边。触觉应用面临的最大挑战在于：高度动态环境下，如何实现远程手术、远程诊断、远程运动控制等依赖交互式反馈的远程操作？上述操作中的触觉反馈对于刺激人脑非常重要，可以帮助人们调整操作时机、压力、手势等。交互式远程操作通常需要极低的时延，空口传输的RTT要求低至0.1ms。此外，远程操作对视觉、听觉和触觉信息之间的相对传输时延、可靠性、吞吐率也提出了严格要求。

（3）裸眼 3D 全息显示

佩戴 VR 设备时，无论物体远近，用户都要始终盯着屏幕，无法正确感知景深，会有头晕或其他不适感。基于视调节的裸眼 3D 显示有望解决这一问题。它依赖光场和全息显示等技术，提供沉浸式的真实体验。由此，用户无须戴眼镜就可以看到远在他乡的家人。这种随时随地的裸眼 3D 显示需要 6G 移动系统的支持。移动 3D 导航等新应用需要通过移动网络传输 3D 图像，对网络带宽提出极高要求。原始数据速率因图像大小、分辨率、颜色等因素而异，从 1Tbit/s 至每秒几百太比特不等。关于减少带宽消耗的数据压缩技术，相关研究正在进行中。

3.2　自动驾驶技术应用场景

论技术要求，自动驾驶是智慧交通中最难的一个用例。初级自动驾驶通常用于采矿、采石、建筑和农业，需要远程人工驾驶和远程操作。

L5 级自动驾驶作为更先进的用例，将重新定义开车旅行的意义。路线规划及驾驶全都交由自动驾驶汽车完成，旅途因此变得更加放松、愉悦，人在享受私密空间的同时，还可以创造其他价值。为了应对不同的路况，6G 提供的感知和 AI 能力，以及超低时延、高可靠性和精准定位都是必不可少的要素。

在超能交通应用场景中，以智慧驾驶为例，除实现正常的安全驾驶之外，还将提供移动办公、家庭互联、娱乐生活功能，因此需要实时传递大量高清视频、高保真音频等数据信息，这意味着下一代移动通信网络必须具有更高的数据传输可靠性，才能为用户提供极致的驾驶服务体验。

3.2.1 自动驾驶出租车

第一个自动驾驶技术应用场景是自动驾驶出租车，这是一种环境友好和安全的应用场景。

经过多年的发展，机器人出租车在技术上取得了长足的进步。目前荷兰等国已开始允许进行无人驾驶汽车测试。一些国内公司也开始尝试真正的无人出租车。

在硬件，尤其是激光雷达方面，随着技术进步，国产品牌已经取代了国外品牌，整个成本已经下降到原来的 1/4，甚至是 1/10。未来随着固态激光雷达的发展，自动驾驶出租车使用寿命将延长，使用成本将进一步降低。

此外，随着自动驾驶出租车和人们日常出行习惯的融合，普通人已经能够使用自动驾驶出租车服务。从点对点到区域，从面对特定人群到面对更多开放人群，它正逐渐接近普通旅行服务。最大的变化是从以前的专用应用程序到普通百姓（消费者）更常用的百度地图和高德地图应用程序，使人们更加习惯了自动驾驶出租车，市场和消费者越来越近。这为自动驾驶出租车的大规模推广奠定了基础。

一些自动驾驶解决方案提供商从原始的集成产业链发展而来，与汽车公司和旅行服务提供商建立了“1+1+1”旅行生态系统，未来的商业模式将更加清晰。

3.2.2 干线物流

第二个自动驾驶技术应用场景是干线物流，这也是一个具有巨大市场的应用场景。

通过研究发现，整个干线物流的商业难度不小于自动驾驶出租车。尽管这是一条结构化的道路，高速公路上没有行人，系统要求可能相对较低，不过它有一些特殊要求，例如重型卡车，不允许突然制动，并且定位非常复杂，因此对安全性的要求也很高。

未来很长一段时间内，整个无人驾驶系统和驾驶员可以一起工作，以实现高效的物流运输。这样可以降低成本并提高物流业的效率。

3.2.3　无人配送

第三个自动驾驶技术应用场景是无人配送。

从行业的角度来看，许多公司已经开始小批量生产无人配送车辆，而领先的公司已经在全国乃至国外部署了大量用于测试的车辆，数量超过了数百辆。大规模生产可能在未来 3 年内实现，成本预计将从目前的每辆 40 万元~60 万元，减少到每辆 8 万元~15 万元。核心原因是激光雷达，线控底盘和计算平台的逐渐本地化。未来，一些手工零件可能会被代替。作为标准件，成本将进一步降低。

就商业节奏而言，预计未来将从简单的场景开始，例如在封闭式或半封闭式园区（例如大学和工业园区）中的一些本地分销。随着技术的迭代，成本的进一步降低以及法规的允许，无人配送开始替换一些分销商，降低分销公司的成本，并提高整个下游服务的质量。

随着智慧城市、无人值班网络、收费设施和停车场的建设，将形成城市无人值班服务系统，将更多的零售、物流、安保等服务整合在一起，为社会提供更多服务。

尽管无人配送车辆可能很快就可以批量生产，但是它存在一个很大的问题，那就是它超出了现有的交通监管系统。当前的交通法规很难定义无人运载工具的属性，无论它们是机动车辆还是非机动车辆等，仍然有很多争议。国外的一些管理经验，希望能为国内的交通管理部门提供一些参考。

美国将无人运载工具分为两类。第一类能够在人行道上行驶。较小的车辆根据个人车辆进行管理，并且专门针对它们出台了一些法规。另一种类型能够在机动车道上行驶。较大的车辆将作为低速车辆，按照当前的机动车法规进行管理。

德国采用许可证制度，对无人运载工具发放一些许可证。管理比较严格。车辆运行线路也需要认证。

将无人运载工具按照微型移动车辆（即家用低速车辆）进行管理。但是，相关部门也认为由这些无人运载工具和其他交通参与者造成的交通风险相对较低。监管部门认为能够应对这些风险，因此对于保险和通行权已放宽。

3.2.4 无人环卫

第四个自动驾驶技术应用场景是无人环卫，目前的技术已经有了一定的成熟度。

一些领先的公司已开始组建自己的无人环卫车队，为整个城市和卫生公司提供相关服务。经过一些计算，根据当前无人环卫车队的成本水平，每千米的每月平均成本要高于普通环卫车队。这意味着在平均 1 千米的开放道路上可以实现无人值守的卫生。增加的范围将从 100000~300000。将来，随着整个无人环卫技术的发展和成本的降低，无人环卫会大规模应用。

3.2.5 无人驾驶巴士

第五个自动驾驶技术应用场景是无人驾驶巴士，例如 Easymile 和 Apollon 都处于试验阶段，基本上在 1~3km 的简单环路环境中运行。总体而言，无人驾驶巴士技术和产业链还不够成熟，因为巴士属于公共安全领域，并且对技术的要求非常高，现在来看，商业回报率相对于出租车、物流来说很低，实现成本回收需要 7 年以上的时间。

3.2.6　封闭式园区物流

第六个自动驾驶技术应用是封闭式园区物流。封闭式园区物流需要相对较低的硬件成本，并且对成本相对不敏感。例如，矿车的成本为 1000 万元，改装成本可能小于 100 万元，这对于整车的成本而言相对较小。在技术方面，由于整个环境中的车辆较少，允许自动驾驶和远程驾驶混合，因此在这些特殊情况下很容易进行远程管理。由于这些区域是相对可知和可控制的，因此绘制高精度地图（尤其是更新地图）的要求非常低。

另一个重要方面是道路法律法规。这些车辆作为厂内工程车辆进行管理，不需要遵守道路交通法。同时，这些车辆往往属于同一个主体，例如港口，所有车辆都属于港口组，更容易解决交通事故。但是，这些封闭式园区物流有其自身的局限性。首先，市场空间非常有限，且没有进一步扩展的空间。另外，整个技术的可移植性也相对较差。由于采矿区、港口和机场等场景的特殊性，很难复制或迁移到其他场景。对于公共道路场景，其技术很难应用。

3.2.7　自主代客泊车

第七个自动驾驶技术应用场景是自动代客泊车。前六个自动驾驶技术应用场景侧重于 ToB 终端业务。而自主代客泊车以乘用车为中心。

自主代客泊车技术分为三个方向：单车智能、车路协调和强大的场地控制。每个制造商都有不同的技术。泊车听起来很简单，但是实施仍需要强大的技术能力。

围绕这些功能需求，对整个行业进行的调查发现，未来存在三个问题。第一是缺少具有自主代客泊车功能的车辆，但在接下来的 1~2 年中，许多原始设备制造商将进行批量生产。第二，整个行业存在的一个最大的问题是，停车场和原始设备制造商之间的工业发展速度非常不协调。停车场担心自己建立了自主代客泊车停车场后无车可停，而原始设备制造商担心生产的自主代客泊车车辆没有合适的停车场可停。这限制了整个行业的发展。第三是消费者方面。调查发现，超过80%的消费者对具有自主代客泊车功能的车辆充满期待，但他们最担心的是在发生车祸后是否需要对事故负责。

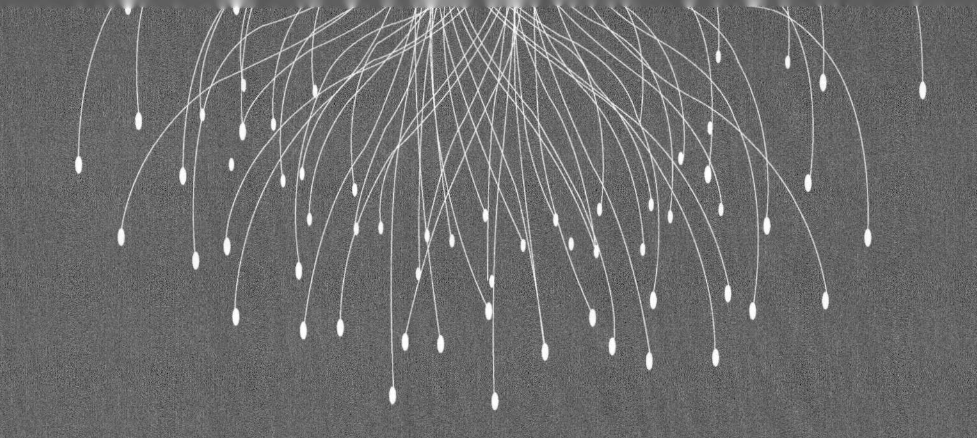

第 4 章

6G业务应用场景

4.1 沉浸式云 XR

移动通信系统平均每十年就会更新换代一次，而移动网络主流业务以及新频段的应用通常需要经历两代才能成熟。事实上，随时随地的“人联”经历了差不多四代的发展才真正实现，人类社会因此得以迈入互联的时代。2020 年前后，5G 在全球快速商用，进一步提升了人类的通信能力，不仅拓展了“人联”，更在千行百业的终端之间建立了“物联”，标志着移动通信实现了从“人联”走向“万物互联”。基于这一趋势，我们认为 6G 将为人和物提供更好的连接，推动人联、物联向智联转变，开启智能社会。在 5G 三大应用场景的基础之上，6G 将新增人工智能（AI）和感知两大应用场景，引领移动通信向新一代智联转变的三大关键驱动力如图 4-1 所示。

1. 驱动力 1：新应用和新业务

6G 时代将涌现更多的应用，扩展现实（XR）云服务、触觉反馈、全息显示有望成为主流应用。单设备流量的指数级增长以及对时延和可靠性的高要求，使得大容量将成为 6G 网络设计的首要挑战。

伴随着物联网设备数量的快速增长和为学习算法提供大数据的无线感

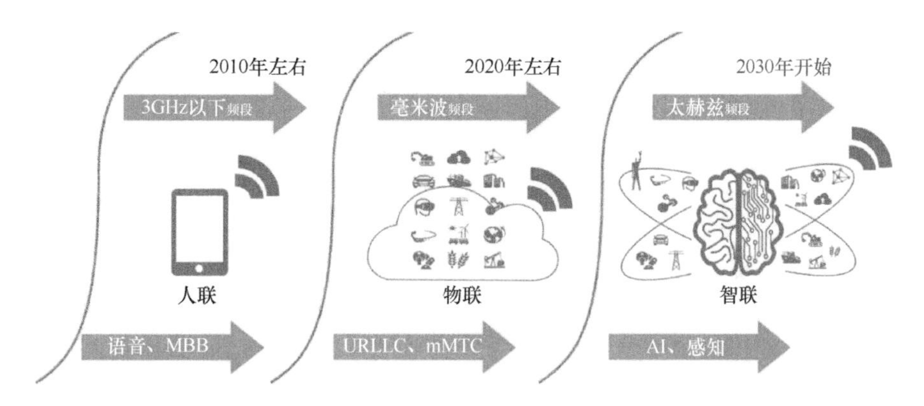

图 4-1　移动通信面向 2030 年后的发展趋势

知新能力的出现，AI 将成为各类工作的自动化引擎，大数据也将成为 6G 网络吞吐率数量级提升的重要驱动。此外，高性能工业物联网应用在确定性时延和抖动方面对无线性能也提出了更高要求，并且可用性、可靠性必须得到保障。这些都要求实现极致、多样化性能，而极致、多样化的性能也将成为 6G 的显著特征。

2. 驱动力 2：普惠智能

移动通信对人们的生活产生了深远影响，缩小了数字鸿沟，极大地促进了整个社会生产力的提升和经济的增长，这一发展趋势将持续到 2030 年及更远的未来。在大规模机器学习（ML）、穷举算法、大数据分析的支持下，普惠智能将是未来商业和经济模式的重要基础，图 4-2 展示的 4 个关键因素将驱动无线技术和网络架构进行范式转变。

（1）原生 AI 支持

6G 端到端移动通信系统在设计环节就考虑了如何最好地支持 AI 和 ML。AI 和 ML 不仅是基本功能，还能以最佳效率实现。在架构上，网络边缘运行的分布式 AI 可以达到极致性能，同时也能解决个人和企业都十分关心的数据所有权问题。真正的普惠智能与深度融合的 ICT 系统相结合，在

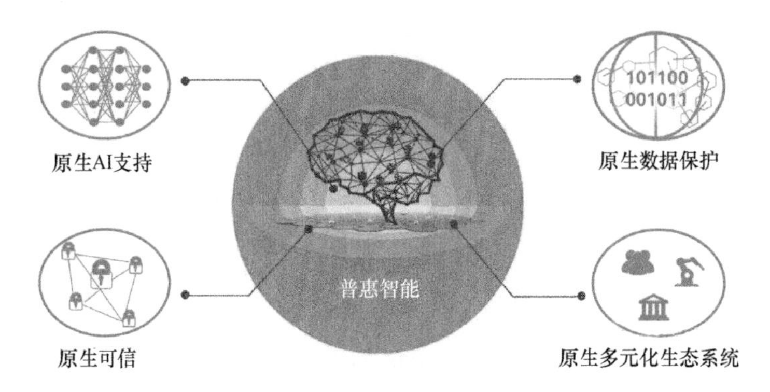

图 4-2 普惠智能驱动的 6G 特性

网络边缘提供多样化的连接、计算和存储资源，将成为 6G 的固有特征。提供原生 AI 支持的 6G 网络架构将从现在的集中式“云 AI”转变为分布式“互联 AI”。

（2）原生数据保护

无论是网络还是数据，隐私保护在 6G 中都是至关重要的一个方面。我们希望每个用户，包括人或者机器，都能作为自身数据的所有者，有权控制或处理自己的数据。因此，6G 的设计应保障用户隐私、确保数据主体的权利、支持数据控制和处理，并满足相关法律法规，为未来的技术设计和应用提供基本的指导原则。

（3）原生可信

为支持各种用例并满足多样化的市场需求，6G 必须建立可验证和可度量的定制化可信体系。目前的网络所有权和运营权都集中在运营商手中，未来 6G 将有可能演变成一种多方参与、共建共赢的模式。在这种模式下，单一模式的信任模型无法满足要求，需要一个包容性的多模信任模式。因此，可信架构除了要面向未来的网络和业务需求外，还应考虑网络安全、隐私、韧性、功能安全、可靠性等可信因素。

（4）原生多元化生态系统

随着 5G 能力的逐步提升，无线领域的垂直市场预计将在未来数年持续升温。在 6G 序幕即将开启之时，有必要构建起一个通用的 ICT 框架，为所有垂直行业提供全局视角，从而加速 ICT 和 OT 领域的合作与融合。第一波 6G 商用有望为消费者市场和垂直市场注入强劲动力。

3. 驱动力 3：可持续发展与社会责任

移动通信系统中多代技术共存，部署的频谱各不相同，而且运行的业务也逐渐异构化，对 6G 的可持续发展提出了很高的要求。6G 网络和业务的部署、运营、监控和管理，应经济、节能、简单，并且实现自动化。此外，6G 应为整个社会的可持续发展目标（SDG）做出贡献。

作为更先进的下一代移动通信系统，6G 的内涵将远超通信范畴。未来十年，在无线技术不断创新的同时，基于深度学习的 AI 应用将会崛起，大规模数字孪生也会应运而生，AI 和数字孪生形成双轮驱动，进一步助推技术的突破。由此产生的 6G 网络将重塑社会和经济，未来业务将呈现沉浸化、智慧化、全域化等新发展趋势，为未来的万物智能奠定坚实基础，将有更加丰富多彩的社会生活场景。

在数学、物理、材料、生物等多类基础学科的创新驱动下，6G 将与先进计算、大数据、人工智能、区块链等信息技术交叉融合，实现通信与感知、计算、控制的深度耦合，成为服务生活、赋能生产、绿色发展的基本要素。6G 将充分利用低中高全频谱资源，实现空天地海一体化的全球无缝覆盖，随时随地满足安全可靠的“人机物”无限连接需求。

6G 将提供完全沉浸式的交互场景，支持精确的空间互动，满足人类在多重感官、甚至情感和意识层面的联通交互，通信感知和普惠智能不仅可以提升传统通信能力，也将助力实现真实环境中物理实体的数字化和智能化，从而极大地提升信息通信服务质量。

6G 将跨越人联和物联，迈向万物智联。与 5G 相比，6G 可以提供极致性能，在关键绩效指标（KPI）上取得重大飞跃。此外，6G 还将推动各垂直行业的全面数字化转型。更重要的是，6G 如同一个巨大的分布式神经网络，集通信、感知、计算等能力于一身。物理世界、生物世界和数字世界将无缝融合，开启万物互联、万物智能、万物感知的新时代。

云化 XR、全息通信、感官互联、智慧交互等沉浸化业务应用不仅可以为用户带来更加身临其境的极致体验，满足人类多重感官、情感和意识层面的交互需求，还可以广泛应用于娱乐生活、医疗健康、工业生产等领域，助力各行业数字化转型升级；通信感知、普惠智能、数字孪生等智慧化业务应用借助感知、智能等全新能力，在进一步提升 6G 通信系统性能的同时，还将助力完成物理世界的数字化，推动人类进入虚拟化的数字孪生世界；全域覆盖业务借助 6G 所构建的全球无缝覆盖的空天地海一体化网络，使得地球上再无任何移动通信覆盖盲点，6G 业务将提供更加普遍的服务能力，助力人类的可持续发展。

扩展现实（XR）是虚拟现实（VR）、增强现实（AR）、混合现实（MR）的统称。云化 XR 技术中的内容上云、渲染上云、空间计算上云等将显著降低 XR 终端设备的计算负荷和能耗，摆脱了线缆的束缚，XR 终端设备将变得更轻便、更沉浸、更智能、更利于商业化。

面向 2030 年及未来，网络及 XR 终端能力的提升将推动 XR 技术进入全面沉浸化时代。云化 XR 系统将与新一代网络、云计算、大数据、人工智能等技术相结合，赋能于商贸创意、工业生产、文化娱乐、教育培训、医疗健康等领域，助力各行业的数字化转型。

未来云化 XR 系统将实现用户和环境的语音交互、手势交互、头部交互、眼球交互等复杂业务，需要在相对确定的系统环境下，满足超低时延与超高带宽，才能为用户带来极致体验。

360°的极致沉浸式XR衍生自当前的XR服务，但是分辨率将更高，视频帧率接近人类感知极限，交互时延极低，保障了最佳的沉浸式视觉体验。例如，人们可以在虚拟环境中随时随地和朋友踢球、观看比赛，甚至从裁判视角观看球赛。为了避免长时间使用导致头晕的情况，晕动症是VR需要考虑的一个重要因素。云VR的目标头动感知（MTP）时延接近人类的感知极限（约10ms），仅为当前VR要求的一半。除了极致的频分辨率和色深，极致VR还需要将原始数据速率提高100倍以上。用户终端通常在功率和重量方面有严格的限制，且算力有限，因此需要在架构上支持纯远程渲染，这对传输时延（RTT小于2ms）和数据速率提出了更高的要求。现有的云VR系统对MTP1时延的要求是不高于20ms，而现有端到端时延则达到了70ms。面向2030年及未来，基于云化XR的总时延将至少低于10ms。根据虚拟现实产业推进会测算，虚拟现实用户体验要达到完全沉浸水平，角分辨率需达60PPD，帧率不低于120Hz，视场角不低于130°，每像素12bit，且能够在一定程度上消解调焦冲突引发的眩晕感，按压缩比100计算，吞吐量需求约为3.8Gbit/s。

4.1.1　内容上云

如今，一切似乎都在向云端转移，那么存储呢？现在是时候拔掉那些昂贵的数据中心存储设备并将所有数据迁移到云端了吗？答案是，这比你想象的要复杂得多。与本地数据存储相比，云存储提供了许多优势，如按下按钮即可实现可扩展性、可从任何设备在任何地点访问、按使用量计费等。

理论上来说，管理被锁定在数据中心的数据，要比管理分散在单个提供商分布在不同地理可用性区域中的云存储数据或不同供应商分散的数据更容易。而且，在谈到兆字节量级的移动数据时，供应商锁定无疑也是一个问题。

云存储供应商专家估计，约有 80%的企业存储仍在本地运行，但预计在 10 年内，大多数的数据会在公共云上。经营自己的存储场会越来越没有意义。

云存储具备的优势如下：

- 削减成本：采用“随用随付”的模式来获得云存储比自己花费巨额资金来维护和升级存储硬件要便宜得多。事实上，随着主要云存储提供商之间的竞争日益激烈，云存储价格会持续下跌。就公共云存储而言，价格竞争非常明显。
- 可扩展性：在计划外业务需要时，访问更多数据存储容量的能力对公司来说是救命稻草。同样，公司可以迅速而轻松地缩减规模。当公司开始考虑创建数据湖，以便将人工智能应用到物联网数据或其他大型数据集时，公共云无限的存储容量就发挥了作用。
- 可访问性：无论人们在哪里工作，云存储允许最终用户在任何设备上访问和共享数据。这种类型的连接可以提高协作、生产力和业务灵活性。
- 异地管理和维护：无论如何维护存储资产，在 on-prem（预置型）的场景中，磁盘崩溃、组件故障、设备故障等问题，都是 IT 部门必须处理的紧急情况。在云场景中，这都可以交给供应商来处理。
- 持续更新：使用预置型存储硬件的组织必须注意其设备老化和过时等问题。但云存储供应商会不断提供更新，作为正常业务流程的一部分。
- 备份方便：备份数据对于业务连续性一直很重要，但在勒索软件攻击较多的时代，备份数据变得越来越紧迫。很多勒索软件攻击时，会对数据进行加密，并要求企业支付资金来解锁数据。大多数大型企业在二级数据中心备份数据，但云存储提供了一种低成本的替代方案，企业无须维护冗余的设施，也可以在不支付任何费用的情况下恢复数据。

灾难恢复：灾难恢复包括在不同的位置维护生产环境的镜像，以便在发生灾难时将其激活。与拥有和运营一个可能永远都不需要的辅助灾难恢复站点相比，灾难恢复最棘手的部分是要弄清楚是自己动手还是采用云服务供应商提供的服务，或是与第三方恢复供应商合作。一旦公司意识到可以通过按一下云端的按钮来启动服务器和存储，就会使用基于云的灾难恢复来运行生产工作负载，以防主数据中心的容量不足。最终，灾难恢复可以提供工作负载的移动性。未来会根据业务需求选择合适的执行地点。

4.1.2　渲染上云

云渲染（Cloudrender）的模式与常规的云计算类似，即将3D程序放在远程的服务器中渲染，用户终端通过Web软件或者直接在本地的3D程序中单击一个“云渲染”按钮并借助高速互联网接入访问资源，指令从用户终端发出，服务器根据指令执行对应的渲染任务，而渲染结果画面则被传送回用户终端加以显示。云渲染的优势是云渲染平台依托庞大的云计算资源，渲染速度更快、效率更高。

现在云端可以借助NVIDIA GPU的高算力、高显存和高性能，实现实时渲染，通过将设计工作前移到云端，机构和设计师将不再需要在本地配置高性能的计算机，只需要通过本地终端登录到门户网，就可以创建一个适合设计需求配置的云桌面，也不再需要安装配置各种烦琐的应用软件，云桌面开机即可以使用。设计完成的素材也不需要再花很长的时间上传，而是可以立刻进行渲染，依靠云端的强大资源，在很快的时间内就可以完成，大大提升了工作效率。

4.1.3 空间计算上云

移动网络曾为赋能5G进行过后端变革，而6G也将从中受益。伴随5G诞生的一系列技术趋势，包括虚拟化网络等，正通过实现专业化部署等方式“整装待发”。运营商已增加天线的数量，从而提高无线电网络密度。时至今日，获得网络信号可以说是轻而易举，尤其是室内网络。而云技术和边缘计算使各种规模的数据都可以在离用户更近的位置进行处理，从而大幅减少时延。6G将在此基础上构建并推出远超5G极限的新功能。

未来国家间的信息化竞争，离不开底座能力的比拼，所有数据可能都会基于空间位置信息来构建。从云服务商的角度而言，现在并不只是提供云主机、云存储、云网络等基础能力，而是会延伸出云数仓、大数据、AI等能力，这些能力与地理信息等专业技术相结合，能发挥出更大的行业应用价值。

对地理信息企业而言，上云能有不少获益。基于传统模式无法做到对业务的弹性支撑，为单一项目购买服务器在时间和成本上都是不现实的。但上云之后，就可以弹性扩充所需资源，降本增效。上云之后还有利于全业务的数据贯通，消除各个业务线间的数据壁垒。同时，所有业务在线化之后，也有利于降低工作协同的成本。有助于加快企业商业化进程。依托在线化、协同化的业务体系，能够快速试错，找到适合自身的行业方向，并将产品和服务模式做到效益最大化，这将为公司带来长线收益。

4.2 全息通信的黑科技

作为5G的重要应用场景之一，虚拟现实（VR）与增强现实（AR）将在6G时代全面演进到XR。得益于新的显示技术、传感和成像设备，以及低功耗专用处理器的飞速发展，可穿戴设备将使物理现实扩展到数字空间。此外，借助XR技术，全息3D投影技术可广泛应用于各个领域，如医疗、娱乐、教育和工农业生产。基于物理环境的捕捉和虚拟世界的高保真度，全息XR将与AI、分布式云计算紧密结合，以满足无线网络的高性能需求——高传输速率、低时延、高可靠和高精度定位。

随着无线网络能力、高分辨率渲染及终端显示设备的不断发展，未来的全息信息传递将通过自然逼真的视觉还原，实现人、物及其周边环境的三维动态交互，极大地满足人类对于人与人、人与物、人与环境之间的沟通需求。

未来全息通信将广泛应用于文化娱乐、医疗健康、教育、社会生产等众多领域，使人们不受时间、空间的限制，打通虚拟场景与真实场景的界限，使用户享受身临其境般的极致沉浸体验。但同时，全息通信将对信息通信系统提出更高要求，在实现大尺寸、高分辨率的全息显示方面，实时的交互式全息显示需要足够快的全息图像传输能力和强大的空间三维显示能力。以传送原始像素尺寸为1920×1080×50的3D目标数据为例，其RGB数据为24bit，刷新频率为60Hz，需要峰值吞吐量约为149.3Gbit/s，按照压缩比100计算，平均吞吐量需求约为1.5Gbit/s。由于用户在全方位、多角度的全息交互中需要同时承载上千个并发数据流，由此推断用户吞吐量需要至少达到Tbit/s量级。对于全息通信应用于“数字人”的靶向治疗、远程显微手术等特殊场景，由于信息的丢失意味着系统可靠性的降低，且为满足时延要求，传输的数据通常不可以选择重传，所以要求数据传输具有超高安全性和可靠性。

在这个全息通信的高保真全息社会中，全息存在将使远程用户被表示为渲染的本地存在。例如，执行远程故障排除和维修的技术人员、执行远程手术的医生以及改进课堂远程教育都可以从全息图渲染中受益。专家指出，4G 和预期的 5G 数据速率可能无法实现此类技术，但 6G 可以，因为全息图像需要从多个视点传输，以解决倾斜、角度和观察者位置的问题。

4.2.1 增强和虚拟现实设备

6G 无线网络不再局限于地面，而是将实现地面、卫星和机载网络的无缝连接，并与人工智能和机器学习进行深度集成，这给全息交互带来了新的提升，导致开发新的显示器、传感器成像设备和其他技术。到那时，手机可能会变成轻巧的眼镜，并且虚拟现实、增强现实和混合现实被合并为一项扩展现实服务。

用户可随时随地享受全息通信和全息显示带来的体验升级——视觉、听觉、触觉、嗅觉、味觉乃至情感将通过高保真 XR 被充分调动，用户将不再受到时间和地点的限制，以“我”为中心享受虚拟教育、虚拟旅游、虚拟运动、虚拟绘画、虚拟演唱会等完全沉浸式的全息体验。

通过网络和虚拟现实技术的飞速发展，全息投影设备也可以应用于远程教育，打破了传统的物理显示方式，图像清晰度高，色彩真实，立体感强，非常逼真。能给观众一种新奇神秘的视觉冲击，激发观众探索的欲望，起到聚集现场人气、加深游客印象、提高展示对象可视性的作用。

全息图是通过全息显示器呈现手势和面部表情的下一代媒体技术。为降低全息图显示所需的数据通信规模，可以利用 AI 实现对全息图数据的高效压缩、提取和呈现。在 AI 协助下，6G 时代将能够实现全息图这一技术。

4.2.2 3D 捕捉系统的应用

3D 动作捕捉系统是一种用于准确测量运动物体在三维空间运动状况的高技术系统设备。近几年，随着虚拟现实、人机交互等新技术的发展，3D 动作捕捉系统的应用领域得到进一步的拓展，为 3D 动作捕捉系统行业的发展创造了更多的机遇。

在自动化算法层面，3D 捕捉技术是无人机、机器人、自动驾驶等涉及运动学数据领域的重要技术和算法，并且 3D 捕捉系统可实现人体关节生物力学数据的自动处理和分析报告，使得机械仿生设备具有更高的针对性和可信度。而其中，光学 3D 动作捕捉系统凭借着高精度、高实时性等特点，处于这门算法学科的前端，正逐渐被自动化研究领域的学者们所青睐。

3D 动作捕捉系统依靠一整套精密而复杂的光学摄像头来实现，它利用计算机视觉原理，由多个高速摄像机从不同角度对目标特征点进行跟踪，以完成全身动作的捕捉。

作为一种用于准确测量物体（刚体）在三维空间运动信息的设备，3D 运动捕捉系统具有高精度的定位能力，能够给自动化设备，如室内小车、无人机、机器人、机械手臂等提供精确的空间位置信息。

（1）3D 运动捕捉系统应用于无人机领域

基础无人机的发展已经趋于成熟，但是下一代四旋翼无人机要求更高程度的态势感知和决策能力，而不仅仅是与其他无人机或人类进行交互。这就要求研发工具来提供更高精度和可靠的实时六自由度（6DOF）定位数据。运动捕捉系统实时捕捉无人机的六自由度信息，并将其传回控制计算机。控制计算机根据预设的飞行轨迹和实际的飞行轨迹的差别修正飞行参数，并向无人机重新发送控制指令，从而达到无人机高精度、平稳、无偏差的飞行控制。

（2）3D 运动捕捉系统应用于机器人领域

基于同样的定位原理，三维运动捕捉系统在机器人的多个领域中开花结果。对于应用于工业制造流水线、物流仓储场景的机械臂，运动捕捉系统通过对其模块化机械臂和灵巧手捕捉获取其姿态数据，可进行相应的控制规划。

对于可在抗震救灾、军事场景应用的多足机器人，运动捕捉系统通过对其足部的关节角度、速度信息的捕捉，可优化其在不同环境下的运动模式。

残障人士、特种士兵装配上外骨骼机器人，在三维运动捕捉系统的协助下获取关节角度等运动学步态信息，可以优化外骨骼结构，从而更好地对佩戴者进行多方面的协助。

仿人机器人需要结合实用性和外形像人的特性，因为人类对自身十分了解，所以仿人机器人运动的每个细节都很重要。

在人体生物力学领域应用广泛的三维运动捕捉系统 Qualisys 以高分辨率、实时追踪和完美同步的成熟技术追踪人体运动，有助于开发机器人的运动算法，可扩展、不受环境限制的系统特征能满足大多数研究的需求。

（3）3D 运动捕捉系统应用于水下机器人领域

水下自主式机器人能够实现远程操作，避免了人类在恶劣环境下作业的复杂情况和高昂成本，这使得水下机器人得以广泛应用。然而，开发和测试水下机器人的控制算法非常具有挑战性。

当前，Qualisys 系统是这一领域中较为成熟的解决方案，能够在水下数十 m 深度运行。

挪威科技大学的自动化水下作业与系统中心（NTNU AMOS）开展了一项关于水下蛇形机器人的研究。该机器人主要应用于水下探险、检测、监视和检查工作。其中采用的便是 Qualisys 水下运动捕捉系统来捕捉机器人的动作，同时，使用 Qualisys 插件 Labview 实时输出功能，将水下镜头捕捉的位置反馈到控制器，从而关闭控制回路。

总的来说，3D 运动捕捉系统基于其精准性、实时性和灵活适用性，对自动化控制领域的学科研究和行业应用提供有力的支持，助力自动化控制向智能化控制迈出突破性的步伐。

4.2.3　3D 影像分析与数据整理

过去几年，深度学习一直是整个 AI 领域发展最强大的助力，尤其是在二维图像领域，通过深度学习完成了很多之前被认为很困难的任务。而这些成功首先是基于二维图像充分的数据集。相比之下，三维数据相关的数据集和测试平台的发展却远远落后。三维深度学习之所以有趣而且特别，是因为三维数据有丰富的表述形式，比如早期的街景通常通过多视图几何来表示；而医疗三维图像包括 MRI 通常利用体素化来呈现；三维点云则是自动驾驶场景下激光雷达可以采集得到的数据形式；针对室内设计，多边形网格是最受欢迎的数据表述形式。

4.3　感官互联时代

视觉和听觉一直是人与人之间传递信息的两种基本手段，除视觉和听觉外，触觉、嗅觉和味觉等其他感官也在日常生活中也发挥着重要作用。面向 2030 年及未来，更多感官信息的有效传输将成为通信手段的一部分，感官互联可能会成为未来主流的通信方式，广泛应用于医疗健康、技能学习、娱乐生活、道路交通、办公生产和情感交互等领域。畅想未来，远隔重洋的家庭成员或许不用再为见面而跨越大半个地球，通过感官互联设备就会让他们感受到一个拥抱、一次握手的温度；坐在家中便可漫步马尔代夫海滩，体验沙子滑落指间和海风沁人心脾的感觉。为了支撑感官互联的实现，需要保证触觉、听觉、视觉等不同感官信息传输的一致性与协调性，ms 级的时延将为用户提供较好的连接体验。触觉的反馈信息与身体的姿态和相对位置息息相关，对于定位精度将提出较高要求。在多维感官信息协同传输的要求下，网络传送的最大吞吐量预计将成倍提升。在安全方面，由于感官互联是多种感官相互合作的通信形式，为保护用户的隐私，通信的安全性必须得到更有力的保障，以防止侵权事件的发生。在感官数字化表征方面，各种感觉都具有独特的描述维度和描述方式，需要研究并统一其单独和联合的编译码方式，使得各种感觉都能够被有效地表示。

依托未来6G移动通信网络，有望在情感交互和脑机交互等全新研究方向上取得突破性进展。具有感知能力、认知能力，甚至会思考的智能体将彻底取代传统智能交互设备，人与智能体之间的支配和被支配的关系将开始向着有情感、有温度、更加平等的类人交互转化。具有情感交互能力的智能系统可以通过语音对话或者面部表情识别等监测到用户的心理、情感状态，及时调节用户情绪，以避免健康隐患。通过心念或大脑来操纵机器，让机器代替人类身体的一些机能，可以弥补残疾人士的生理缺陷、保持高效的工作状态、短时间内学习大量知识和技能、实现无损的大脑信息传输等。

4.3.1 虚拟与实际世界的有效结合

虚拟现实与增强现实（AR/VR）被业界认为是5G最重要的需求之一。影响AR/VR技术、应用和产业快速发展的一大因素是用户使用的移动性和自由度，即不受所处位置的限制，而5G网络能够提升这一性能。随着技术的快速发展，可以预期10年以后，信息交互形式将进一步由AR/VR逐步演进至高保真扩展现实（XR）交互，甚至是基于全息通信的信息交互，最终将全面实现无线全息通信。

人类的感官是非常丰富的，5G里面用到了视觉和听觉，但是像触觉、味觉、嗅觉和体感等，5G都没有用到，在6G业务里面这些感觉可能都会用到。比如在沉浸式购物时，远程买花，在家里就能闻到花香；家里老人摔倒了，老人身体的各项指标数据，包括痛感程度都会以全息的方式迅速传到子女或者医院；再比如虚拟沉浸式游戏里的撞击和拳击的痛感，也可以感受到，这是虚拟场景和真实场景的深度融合。

4.3.2　商业应用价值的体现

全息通信首先解决了远程办公的诸多限制。通过自然逼真的视觉还原，实现人、物及周边环境的三维动态交互，满足人类对于人与人、人与物、人与环境之间的沟通需求。打通虚拟场景与真实场景的界限，使用户享受身临其境般的极致沉浸感体验。随着无线网络能力、高分辨率渲染及终端显示设备的不断发展，未来全息通信将广泛应用于文化娱乐、医疗健康、教育、社会生产等众多领域，使人们不受时间、空间的限制实现自由办公。

6G 的出现，将毫无疑问会让越来越多的个人和家用设备、城市传感器、无人驾驶车辆、智能机器人等成为新型智能终端，这些智能体通过不断学习、合作、更新，将实现对物理世界的高效模拟、预测。6G 网络的自学习、自运行、自维护都将构建在 AI 和机器学习之上，以应对各种实时变化，通过自主学习和设备间协作，为社会赋能赋智。这些智能终端通过不断学习提升，实现对物理世界运行及发展的超高效率模拟和预测，并给出最优决策。人们的工作生活毫无疑问会因万物智能、万物互联而变得越发便捷舒适。

4.4　浅析智慧交互

在智慧交互场景中，智能体将产生主动的智慧交互行为，同时可以实现情感判断与反馈智能，因此，数据处理量将会大幅增加。为了实现智能体对于人类的实时交互与反馈，传输时延要小于 1ms，用户体验速率将大于 10Gbit/s；6G 智慧交互应用场景将融合语音、人脸、手势、生理信号等多种信息，人类思维理解、情境理解能力也将更加完善，可靠性指标需要进一步提高到99.99999%。

未来社会通信的主体不再仅仅是人，而是智能体，包括人、虚拟的数字人、类人、机器人等。未来智能体之间的通信不仅仅包含数据和信息的传递，还会出现智能交互。智能交互是智能体之间产生的智慧交互。现有的智能体交互大多是被动的，依赖于需求的输入，比如人与智慧家居的语音和视觉交互。

随着AI在各领域的全面渗透与深度融合，面向2030年及未来的智能体将被赋予更为智慧的情境感知、自主认知能力，实现情感判断及反馈智能，可产生主动的智慧交互行为，在学习能力共享、生活技能复制、儿童心智成长、老龄群体陪护等方面大有作为。

4.4.1 何为智慧交互

交互即沟通交流，发生互动关系。人和人之间的交互比较好理解，那么人和机器呢？其实也是非常好理解的。我们都忘不了微信推出的摇一摇功能，打开摇一摇功能，摇动手机，就会搜寻出一个和你同时在摇的人。其实，我们和任何机器之间发生互动关系，都是属于交互。往更广泛的意义上说，如果失去了交互，地球将不再运转，也将毫无生机。现在，智能时代已经到来，我们除了研究人和人、机器、产品、环境、服务、系统等之间的关系，还要研究机器和人、机器、产品、环境、服务、系统之间的关系。

总之，人（或机器）和事物（无论是人、机器、产品、服务、系统、环境等）发生双向的信息交流和互动，就是一种交互行为。

设计的实质在于发现一个很多人都遇到的问题，然后试着去解决。由于问题的根源在社会内部，除了能从设计师的视角看问题外，每个人都能理解解决问题的方案和过程。设计就是感染，因为其过程所创造的启发，是基于人类在普遍价值和精神上的共鸣。

通过上述的描述，我们不难发现，设计主要表现在发现问题、解决问题。而交互设计就是发现和解决人（或机器）和事物（包括人、机器、产品、服务、系统、环境等）之间的互动关系问题。

“交互设计之父” Alan Cooper 在他的 About Face 3 一书里写道：“交互设计是设计可互动的数字产品、环境、系统和服务的实践。”从这个定义我们可以看到，交互设计覆盖的领域非常广，有数字产品，有环境，还有系统和服务。在这些领域中，都包含着大量人和另一个目标的互动。交互设计与人机交互的重叠区域最大，与工业设计、建筑设计、信息架构设计、视觉设计也都有交集，即这些领域中都会用到交互设计。

国内最早提出交互设计概念的是辛向阳教授，在其论文《交互设计：从物理逻辑到行为逻辑》中，辛向阳教授将交互设计阐述为：“交互设计改变了设计中以物为对象的传统，直接把人类的行为作为设计对象。在交互行为过程里，器物（包括软硬件）只是实现行为的媒介、工具或手段。交互设计师更多地关注经过设计的、合理的用户体验，而不是简单的产品物理属性。人、动作、工具或媒介、目的和场景构成交互设计的五要素。传统理解的设计，强调物的自身属性合理配置，是‘物理逻辑’。而合理组织行为，可称为行为逻辑。交互设计过程中的决策逻辑主要采用行为逻辑。”

当下社会生产正由工业信息时代向着互联网时代迈进，交互设计在工业设计中的应用也逐渐发生了带有互联网特征的变化，智能硬件产品的控制界面、交互系统在工业设计中的运用及发展都产生了新的突破，形成了物联网的格局特征。工业产品的设计思维方式也悄然进入了一个具有新交互思维的发展阶段，使交互设计更加人性化、简洁化。

人机智能交互主要是指机器和人类高效交流的技术。人类生活中的事件都是多通道的。人机交互的本质是共在，即“Being together”。人把自己的优点和机器的长处结合在一起，形成了一个交互的、实质性的问题，而未来人工智能的发展方向，很可能是人机融合智能或人机混合智能，即把人的智慧和机器的智能结合在一起，形成一个更有力的、支撑性的发展趋势，这样不但研究人机交互的生理问题，而且还会研究心理的或者大脑的问题。其实，人机交互或人机混合智能都是不准确的词，最准确的词是人机环境交互系统，因为人和机器及物质，其交互是不完整的，是通过环境这个大系统来进行沟通的，所以人机环境系统工程将是未来的重要研究方向。人类和机器多通道交互技术的发展虽然受到软件和硬件的限制，但至少要满足两个条件：其一，多通道整合，不同通道的结合对用户的体验是十分重要的；其二，在交互中允许用户产生含糊和不精确的输入。

在物联网技术发展的冲击下，用户的行为习惯、思维方式都发生了巨大的转变，而对于智能家电产品的设计趋势将更倾向于安全、便捷、舒适、健康、环保，人机交互关系日益主动化、人性化，从而给用户带来更完美的产品体验。生活是最好的老师，也是一切设计、灵感的源泉，智能化交互设计的思想就是起源于生活，把生活中一些复杂的操作和动作转变为简单操作就能达到实现既定功能的目的。基于此，提出针对性的设计原则和实践方法，努力提高机器与机器、机器与人之间的信息交流就是家电设计交互思想。

我国越来越多的智慧交互信息化系统整体解决方案服务商，摆脱了大型信息中心的复杂交互，无论身处何处，都可以对任何目标进行交互，交互对象可自由选择，针对各类信息专网传输、独立运行、互不兼容的问题，依托多点同屏、一点多屏、一屏多层等功能模块，综合采取时空一致和同屏分析等方法进行对比印证，改变多个相对独立中控系统分散调度的管理模式，将调度管理高度整合，提高信息综合使用效率，提供全方位的“智能显示+智慧交互+内容可视化”整体解决方案。一套设备，一个人力操作所有屏幕，不只是屏幕、一切皆可互动，为领导、指挥人员、参会人员设计不同的交互。多种交互方式自由选择，操作简单，屏幕为可触摸式，可实现多屏联动、电子沙盘、智能语音直达深层业务，不受地域、信号、网络的限制，给客户带来颠覆式的交互体验。

4.4.2　交互设计的“可用性”分析

交互设计是定义、设计人造系统行为的设计领域，它定义了两个或多个互动的个体之间交流的内容和结构，使之互相配合，共同达成某种目的。交互设计努力去创造和建立的是人与产品及服务之间有意义的关系，以“在充满社会复杂性的物质世界中嵌入信息技术”为中心。交互设计可以从“可用性”和“用户体验”两个层面上进行分析，关注以人为本的用户需求。

可用性是交互设计最基本而且重要的指标，它是对可用程度的总体评价，也是从用户角度衡量产品是否有效、易学、安全、高效、好记、少错的质量指标。

同时，交互设计的目标不止于此，它还包括要考虑用户的期望和体验，可用性保证产品可用，基本功能完备且方便；而体验在于给用户一些与众不同的或者意料之外的感觉。也就是说，可用是产品应该做到的、理所应当的，体验则是额外的惊喜和收获。

交互过程是一个输入和输出的过程，人通过人机界面向计算机输入指令，计算机经过处理后把输出结果呈现给用户。人和计算机之间的输入和输出的形式是多种多样的，因此交互的形式也是多样化的。

换句话说，物的形态暗示是有其功能的，而一旦物没有了特殊的形态，那么人们将难以去理解功能。当它的形态暗示不了它的功能时，我们的心智模型构建就会出现问题。一旦出现问题，我们便无法掌握人造物。面对一个未知的复杂的人造物时，光是从形态上，我们无法直接明了地理解它的基本用途。所以肯定无法形成有效的心智模型。这样就会导致无法掌握人造物，更不可能去理解创造的意图。

这些问题导致了一种新的设计的诞生，它必须考虑用户的目标，了解用户的特征去构建系统的行为，从而更有效地满足人们的需求，于是乎就提出了交互设计。

作为人机的一种交互方式，交互设计很好地削弱了人造物的复杂性，大大降低了人的认知负担，使得人能够快速地构建对人造物的认知。

但是削弱了人造物的复杂性并不是交互设计独有的价值，我们也可以通过减少功能来削弱复杂性，或者让人经过长期学习来掌握人造物。比如给飞机的控制仪表盘削弱复杂性，减少功能按钮的确可以促使飞行员更快速、有效地理解如何使用该控制系统，但是功能按钮的减少会带来诸如安全、操控性等方面的问题，这必然是不能接受的。而使人经过长期训练来学习掌握人造物，这更是不现实的。

这就是交互设计区别于其他掌握人造物的方法的最重要的一点：在保持原有功能的基础上，削弱人造物的复杂性，使人能够高效构建对人造物的认知，也是其独有的价值所在。

4.4.3 设计交互的“用户体验”

用户体验，英文叫作 User Experience，缩写为 UE，或者 UX。它是指用户访问一个网站或者使用一个产品时的全部体验。

用户体验这个词最早被广泛认知是在 20 世纪 90 年代中期，由用户体验设计师唐纳德·诺曼（Donald Norman）所提出和推广。身为电气工程师和认知科学家的他在加盟苹果公司之后，帮助这家传奇企业对他们以人为核心的产品线进行了研究和设计。而他的职位则被命名为“用户体验架构师”（User Experience Architect），这也是首个用户体验职位。

目前，全球范围内对 6G 新业务的畅想不断涌现：虚拟世界、隔空穿越、触手可及、超级智能……那么，6G 业务是否会像科幻电影里描绘的那般神奇魔幻？

毋庸置疑，6G 业务将以全面提升用户体验为目标，进一步拓展与深化其在垂直行业中的应用，同时进行新业务场景与新商业模式的探索与创新。6G 网络将成为虚拟世界与物理世界之间的桥梁。基于物理世界可生成数字化的虚拟世界，物理世界中的人与人、人与物、物与物之间可通过数字化世界来传递信息。例如，全息通信业务将远程重构与再现真实的三维世界，以可交互的方式将全息图像或视频从一个或多个信源传输到一个或多个信宿（从另一部件接收信息的部件），并高保真全息实时地显示出来，让用户在任何时间任何地点都能获得完全沉浸式的交互体验。上述全息通信和虚实融合技术在未来视频会议、在线课堂、远程全息手术等业务场景中将有巨大的应用前景。此外，全感官类业务也是重要的 6G 业务愿景，该业务将支持视觉、听觉、嗅觉、味觉、触觉的全感官体验，甚至心情、病痛、习惯、喜好等个体感受，通过人、机、物间多模态数据的精准传输与交互，也能实现身临其境的体验。

基于机器学习的无源手势及动作识别是推广人机接口的关键，用户仅使用手势及动作就能与设备交互。这种识别分为“大动作识别”和“微动作识别”两种。大动作是指身体运动，例如未来智慧医院将会自动监督患者安全，包括检测患者是否跌倒、监控患者的康复训练等。与传统的摄像头监控相比，其最大优势是对隐私的保护；微动作是指手势、手指动作和面部表情等。可以畅想一下，我们只需对着空气舞动手指，XR 就能立刻播放美妙的音乐、呈现动人的画作，真正做到随时随地的艺术创作。

6G网络将融合信息通信、新型材料、生物科学、社会科学等诸多技术领域的创新成果，具备更加强大的综合能力，从而更加深刻地改变人类的生产和生活方式。

5G技术的普及和6G的天地互联为打破时空的万物互联提供了坚实的技术支持，也给信息设计带来了更多的场景与可能。在当下的5G时代，信息设计的应用场景主要包括海量机器类通信（包括智能家居、智慧城市等）和超高可靠低时延通信（包括超高清视频、云办公和游戏、增强现实等），是一种“面”的发展思路。在即将到来的6G时代是一个立体的发展思路，由“线”到“面”再到“体”的一个延伸，信息设计不再是单个面或者单个维度的考虑，而是信息广度和深度上的综合设计，网络与用户被看作是一个统一体，用户的需求也将被深度挖掘和实现。典型场景包括精准工业控制、智能电网、汽车智能驾驶、全息视频会议、远程全息手术、远程智能养老、沉浸式购物、身临其境游戏等。

5G的世界中包括了人类社会（人）、信息空间（机）、物理世界（物）这三个核心元素，6G则引入了第四维的概念——“灵（Genie）”，一个虚拟的用户智能代理，灵（Genie）与人、机、物协同工作，构建物理世界与虚拟世界的融合空间，自主代理用户完成情景感知、目标定向、智能决策、行动控制等隐性的服务，“灵”具备智能“意识（Consciousness）”，将对感觉、直觉、情感、意念、理性、感性、探索、学习、合作等主观情绪与活动进行表征、扩展、混合和编译。6G时代，人类会将更多精力投入到探索、认知，以及创造性的任务上，“灵”将不仅发挥智能代理作用，还将以用户的“最佳体验”为指引，为用户的认知发展形成互助互学的意象表达与交互环境，信息设计也将在这个人工智能与人类智慧和谐共生的环境中深度挖掘用户的需求并形成新维度的交互方式。

4.4.4 多通道交互的体系结构分析

目前，网络中的 AI 服务大都位于云端，停留在应用层面。在 6G 时代，网络架构和 AI 将紧密结合。换句话说，原生 AI 支持将成为网络架构创新的一个重要驱动因素。因此，深度融合的通信和计算资源，以及全分布式的架构将引领云 AI 向网络 AI 转型。随之而来的好处不仅是贴近用户的 AI 服务可以带来的卓越性能（如超低时延），隐私问题也可以在本地迎刃而解。这是 6G 网络架构发展的主要驱动力之一，也将受到隐私和数据治理要求的影响，需要满足这些要求所倡导的个人数据自主管理，意味着数据的所有权应当交还给用户，不受任何机构干涉。网络 AI 尤其适合实时 AI 功能的实现，这是因为在集中式云 AI 架构下，面向机器学习的大数据训练和 AI 推理的执行效率都很低。

传统的通信系统是面向信息的，最初是语音驱动，接着是数据驱动。信源和信宿取决于终端用户的业务，或者基于终端用户及其通信对象确定。因此，整个通信机制（如会话管理和移动性管理）的设计考虑的是如何充分支持这种连接模型。

1. 单一精确交互方式

（1）触控（Touch）

人类在 20 世纪 70 年代初，开始探索用触摸屏进行人机交互，并出现在一些工业和商业设备中。例如 POS 终端机、电梯按钮等。之后诺基亚把电阻屏导入到手机上，部分代替了机械键盘的作用。直至 2007 年 iPhone 手机的推出，开辟了触控技术移动终端人际交互操作的新模式，成为触控行业发展的一个里程碑，苹果公司将电容式触控技术推向了主流，如今人们依然在广泛使用。而后电容、红外、电阻、光学、纳米网格、弹性波等技术也相继推出。

（2）语音（Voice）

语音交互技术是近几年来最受关注的技术领域，也诞生了一系列公司，如科大讯飞、思必驰等。语音交互技术主要以语音识别为基础，包括了语音听写、语音转写、语音唤醒、声纹识别。此外，语音交互还需要自然语言处理技术和语音合成技术来完成人机交互的闭环。目前，自然语音处理技术，特别是语义识别技术仍然处于发展早期，未来存在很大的发展空间。

（3）姿势（Gesture）

姿势交互技术主要利用数据手套、数据服装等装置，对手和身体的运动进行跟踪，完成自然的人机交互。例如，谷歌的一项新专利可以通过手势控制智能汽车，挥手便可开关车窗。主要原理是固定在车顶的深度摄像头和激光扫描仪探测用户做出的手势，并通过手势传达给汽车智能系统，实现收音机、车窗等的开关和调节。

（4）视觉跟踪（Eye-Tracking）

视觉追踪是对眼睛运动过程进行定位的交互方式。例如，瑞典 Tobii（拓比）公司眼动仪用于记录人在处理视觉信息时的眼动轨迹特征。现代眼动仪的结构一般包括 4 个系统，即光学系统、瞳孔中心坐标提取系统、视景与瞳孔坐标叠加系统和图像与数据的记录分析系统。未来的应用场景比较广泛，如视线离开时暂停视频播放、帮助残障人士用眼睛打字写作等。但复杂的应用（如大型游戏的操控）还存在较大的难度。

6G 系统由众多分布式智能节点（如终端、无线接入节点、网络设备）组成，基于节点所提供的智能特性，智能业务得到原生支持，节点本身也得以自我优化改进。AI 和感知是 6G 提供的两项重要业务，为此，同一任务需要在多个分布式节点上协调执行，我们称这种通信模式为面向任务的通信。未来无线通信技术应支持多种设备类型和时变拓扑结构，实现达到面向任务通信的最佳性能。

2. 多通道交互的体系

多通道交互的体系首先要能保证对多种非精确的交互通道进行综合，使多通道交互存在于一个统一的用户界面之中，同时，还要保证这种通道的综合在交互过程中的任何时候都能进行。人机交互技术是目前用户界面研究中发展得最快的领域之一，对此，各国都十分重视。保持在这一领域的领先地位，对整个智能计算机系统是至关重要的。我们可以以发展新的人机界面交互技术为基础，带动和引导相关的软硬件技术的发展，使更有效地使用计算机的计算处理能力成为可能。

例如，未来的 HMI 交互操控设计，将会基于场景任务的特性，综合考虑不同交互通道的应用和配合使用。任务操控过程中，某一交互通道为主，同时辅助以其他交互通道的方案，将会是未来多通道交互设计的趋势，如语音 + 手势、语音 + 按钮，手势控制搭配简单的语音命令组合，可以发挥两者的交互优势，流畅地完成离散控制类任务和连续控制类任务。

多通道的信息整合，其实就是让用户被动交互，让设备更加懂得用户，了解用户需求。设备可以清楚地知道用户下一步的交互是怎样的，这样被动式的交互，让设备与人融合得更加完美，更加一体化。未来是属于智能的时代，各种场景都将更加贴近用户，设备的感知也不再是单纯的物理感知，安全永远是用户的关注点之一，比如在车内接入更多的全息触控操作或多通道交互体验，让出行场景在安全的同时，也融入了更大的智慧场景。

4.5　面向超视距的通信感知

智能交通系统（ITS）是对通信、控制和信息处理技术在运输系统中集成应用的统称，是一种通过人、车、路的密切配合来保障安全、提高效率、改善环境和节约能源的综合运输系统。

我国智能交通系统的发展共分为三个阶段：起步阶段（2000 年之前），实质性建设阶段（2000—2005 年），高速发展阶段（2005 年至今）。起步阶段主要进行城市交通信号控制的相关基础性研究，进一步建立了电子收费系统、交通管理系统等示范点，使得智能交通系统进入推广应用和改进阶段，但整体水平滞后；实质性建设阶段，国家投入大量资金进行 ITS 的研发、生产和普及，为 ITS 的发展创造了有利条件；高速发展阶段，随着人工智能、自动驾驶、车联网等技术的快速发展，以建设“智慧城市”“绿色城市”和“平安城市”为目标，我国 ITS 技术得到了进一步发展和更为广泛的应用。

近年来，以自动驾驶为代表的新兴技术快速发展，已成为未来智能交通系统中不可或缺的关键技术之一。美国机动车工程师学会（SAE）将自动驾驶从 0 到 5 共分为 6 个级别，级别越高，自主化驾驶程度越高。为提高自动驾驶车辆的安全性，车辆通常搭载多种传感器，如光学摄像机、超声波雷达、毫米波雷达，以及激光雷达等，以此来提高单车的环境感知能力，有助于车辆的行程控制、安全驾驶预判等操作。此外，5G 车联网等技术的发展也为车与车之间的智能协同提供了多种通信技术手段，助力自动驾驶技术发展。

未来 6G 网络可以利用通信信号实现对目标的检测、定位、识别、成像等感知功能，无线通信系统可以利用感知功能获取周边环境信息，智能精确地分配通信资源，挖掘潜在通信能力，增强用户体验。毫米波或太赫兹等更高频段的使用将加强对环境和周围信息的获取，进一步提升未来无线系统的性能，并助力完成环境中的实体数字虚拟化，催生更多的应用场景。

6G 将利用无线通信信号提供实时感知功能，获取环境的实际信息，并且利用先进的算法、边缘计算和 AI 能力来生成超高分辨率的图像，在完成环境重构的同时，实现 cm 级的定位精度，从而实现构筑虚拟城市、智慧城市的愿景。基于无线信号构建的传感网络可以代替易受光和云层影响的激光雷达和摄像机，获得全天候的高传感分辨率和检测概率，实现通过感知来细分行人、自行车和婴儿车等周围环境物体。为实现机器人之间的协作、无接触手势操控、人体动作识别等应用，需要达到mm级的方位感知精度，精确感知用户的运动状态，实现为用户提供高精度实时感知服务的目的。此外，环境污染源、空气含量监测和颗粒物（如PM2.5）成分分析等也可以通过更高频段的感知来实现。

4.5.1　V2X超视距感知通信综合系统

近年来，世界各大车企和研究所通过在车辆上搭载多种传感器来增强车辆的环境感知能力，对路况数据进行采集，并利用机器学习等算法进行离线学习和在线决策相结合的方法，实现提高自动驾驶的安全性和可靠性的目标。然而，由于车辆传感器（如雷达、光学摄像机）易受障碍物、雨雪天气、强弱光线等多种因素的影响，导致基于单车传感器的环境信息感知能力受限，易发生车辆碰撞及因物体识别故障导致的自动驾驶事故。因此，亟须通过智能车联技术对超视距感知能力进行增强，突破单车传感器环境感知能力受限的技术瓶颈，提高自动驾驶的安全性和可靠性。

当前自动驾驶的瓶颈：信息感知能力差，成本高；自动驾驶采用的传感器都是类视觉传感器，在感知距离、感受视野、分辨率等因素上互相制约；多传感器融合加大了软件算法复杂度；在高速自动驾驶中，传感器能力有限；“鬼探头”挑战悬而未决；高车流量交通环境应变能力差；车辆密度的提升，环境越来越复杂，自动驾驶车辆容易陷入寸步难行的窘境（如当下的拥堵自动跟随功能）……

V2X（Vehicle to Everything）作为智能网联汽车中的信息交互关键技术，主要用于实现车间信息共享与协同控制的通信保障。基于“车路协同、车网融合”理念，协同外部生态资源，以人工智能、大数据、5G、多源感知融合技术等为抓手打造的数智交通解决方案——智能交通V2X超视距感知通信综合系统，搭载3D相机、4D毫米波雷达与激光雷达，支持全天候感知，包括雨、雾、沙尘、雾霾、冰雹、大风，有效支持智能驾驶应用。其分布式感知计算系统，可大幅度降低数据传输时延，实现了高可靠性、高冗余和多源备份。其传感器姿态自适应校验系统可实现云端远程调节各传感器姿态，适用于各类气候及安装条件。

简单来说，目前毫米波雷达这类传感器，就好像是在没有手机的时候让我们仅依靠眼睛去某个地方找一个朋友，在人流量大或是朋友站在视线看不到的地方时，我们很难去找到他。而V2X技术就好比是手机通信，我们在见面前就能通过电话提前沟通，迅速准确地确定他在哪个地方等我。

在未来的自动驾驶应用中，V2X通信技术是实现环境感知的重要技术之一，与传统车载激光雷达、毫米波雷达、摄像头、超声波等车载感知设备优势互补，为自动驾驶汽车提供雷达无法实现的超视距和复杂环境感知能力，此外V2X还拥有连接速度快、传输时延短的特点，能够更早地给驾驶员发出提醒或是让车辆自行做出避让。

V2X的应用主要可以分为两个阶段：第一个阶段就是驾驶辅助阶段，V2X可以基于车辆位置、车辆行驶状态以及路测信息，与ADAS主动驾驶辅助系统配合，实现主动安全预警，时刻提醒驾驶者，但这一阶段并不涉及控制车辆；第二个阶段V2X可以依靠自身强大的“沟通”能力，全面获取车辆周围的信息，并结合强大的算力实现更高级别的自动驾驶。

智能交通V2X超视距感知通信综合系统，以及路侧感知精度验证系统构成体系化、全天候、高冗余、大规模部署的数智交通解决方案，广泛用于数智生活、数智公交、数智出行、数智泊车、数智物流、数字江海等各大城市数智化场景，助推城市数智化转型。

4.5.2　路侧感知精度验证系统

智能交通系统（Intelligent Transport System，ITS）通过人工智能与信息通信技术可以有效提升道路交通的安全和效率，目前已经得到广泛认可，它包含“聪明的车”和“智慧的路”两部分。车路协同是 ITS 发展的高级阶段，用来实现车与车以及车与路侧系统之间的通信，使车辆能够更好地感知周围环境，接受辅助驾驶的相关信息，让道路监管部门能够更有效地处理交通事故。

其中，路侧感知是车路协同应用开发的重要组成部分，通过在路侧部署传感器，将采集到的路面信息经 V2X 通信传到车辆，使车辆拥有超视距的感知能力。在实际应用中，为达到最优的路侧感知效果，不同的场景往往需要不同的 RSU 配置，RSU 的选型及安装是一个耗时耗力的过程，另外，交通参与者的识别是路侧感知的核心，基于机器学习的识别算法需要大量的标签数据，而人工打标签被验证是一种效率极其低下的方式。随着近些年计算机硬件性能的不断提升，将仿真技术应用于智能交通领域成为各类研发机构加速开发进程的必要手段。

车路协同系统现阶段需要支持全息交通管理应用的各种场景，而未来更是需要为无人驾驶提供有效的路侧数据支持。所以车路协同系统需要对道路交通进行全域覆盖、全天候感知，对感知的精度和实时性也提出了很高的要求。

路侧感知系统（Roadside Sensing System，RSS）的基本构成是路侧感知设备及路侧计算单元，如图 4-3 所示，路侧感知设备包括但不限于摄像头、激光雷达、毫米波雷达等设备，可实时采集当前所覆盖交通环境的图像、视频、点云等原始感知数据，路侧计算单元包括但不限于边缘计算服务器、工控机等计算设备，通过对路侧感知设备采集的原始感知数据实时

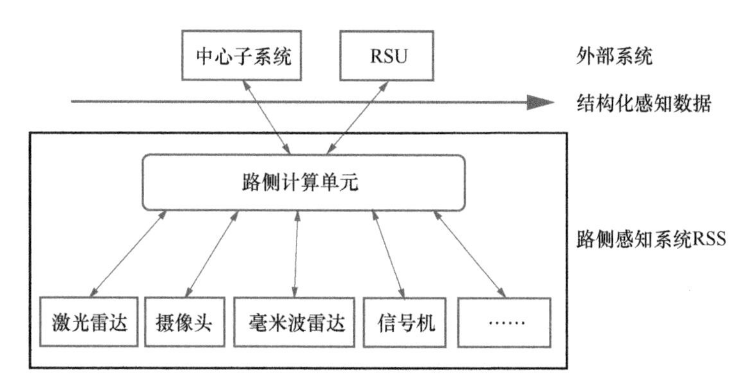

图 4-3　路侧感知系统参考架构

融合计算，实现对交通环境中交通参与者状态信息、道路状况信息、交通事件等全量信息的获取，进而通过路侧单元 RSU、中心子系统向局部/全域交通参与者下发感知消息。

通过路侧感知精度验证系统实现路侧感知能力验证，得出每个路段、路口、路侧感知精度情况。

4.5.3　空天超视距通信终端系统

2021 年夏天河南的洪水灾害牵动全国上下，洪灾导致部分地区地面供电中断或光缆线路中断，地面通信手段失效。应急管理部紧急调派空中应急通信平台——翼龙-2H 应急救灾型无人机为 50 平方千米范围提供长时、稳定、连续的信号覆盖。

在任务开始后约 5 个半 h 内，空中基站累计接通用户 3572 个，产生流量 2089. 89MB，单次最大接入用户 648 个。此次任务，无人机在任务区内作业时间共计约 8h，除了应急通信，还应用 CCD 航测相机、EO 光电设备和 SAR 合成孔径雷达，对受灾区域进行拍照和监测，有效支持了灾区的应急救援行动。

空天地海一体化是 6G 的主要方向，真正实现全球全域的泛在连接。此次翼龙-2H 应急救灾型无人机应急通信发挥作用，表面上看是无人机大放异彩，实际上背后真正发挥作用的是卫星。未来 6G 网络将突破地形表面的限制，扩展到太空、空中、陆地、海洋等自然空间，真正实现全球全域的泛在连接，如图 4-4 所示。

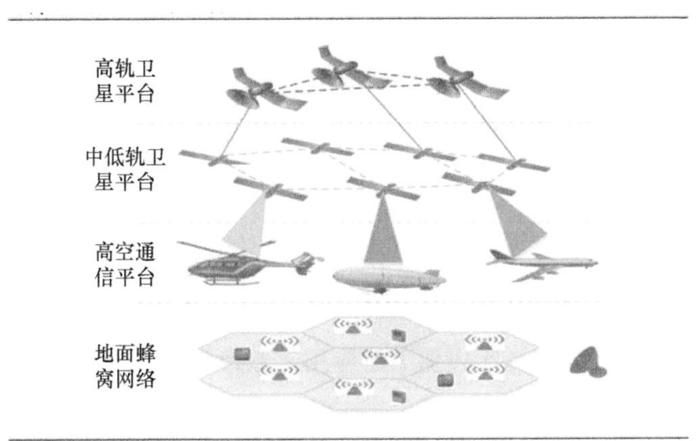

资料来源：中国联通、华安证券研究所

图 4-4　空天地海一体化通信网络

超视距通信系列终端系统非常复杂，包括软件无线电系统、天线以及相关的用户接口硬件，与机载任务系统集成，能在陆地、空中以及太空平台间进行语音、数据、图像和视频信息交换，数据传输速度超过 300MB/s，满足军事和先进极高频（AEHF）卫星系统等卫星数据链路的运行需求，将为军队提供强大的“多波形”超视距安全通信能力，用于空军运输机、轰炸机、ISR 飞机、专用任务飞机以及地面指挥站。

基于空天地海的感知设备，利用大数据、云计算及人工智能等手段，形成一套全面覆盖、精准识别、智能分析、高效决策的动态感知系统，实现水上交通安全动静态信息“一网掌控”。加快建设包括天基系统、地面系统、应用系统、智能终端的全球航海信息综合服务系统，实现交通运输信息化向数字化、网络化、智能化转型发展。强化水域空间的合理规划和使用，促进水上交通运输与其他水域使用主体协同有序发展，构建安全便捷、经济高效的水上高速大通道。

未来 6G 空天地海一体化网络中，卫星将是核心环节，建议关注无人机产业，以及卫星产业的三类投资机会：

（1）军用无人机

受益“十四五”军工高景气以及现代战争无人化趋势，我国军用无人机占比提升空间大，尤其以侦查无人机、战斗无人机以及训练靶机为代表。

（2）工业无人机

民用无人机市场发展呈加速态势，其中又以工业无人机发展最快，此次洪灾无人机应急通信立功，或将推动无人机应急救灾常态化。此外，5G 赋能下，将拓展无人机、无人船下游应用领域市场规模持续提升。

（3）卫星产业链

卫星制造的总装环节主要由国有研发设计院领导，少部分民营企业具备能力，上游星敏感器、星载 SoC、卫星载荷配套射频芯片等领域部分技术实力过硬的军民融合企业具有机会。

4.6 普惠让生活更智能

到 2030 年，越来越多的个人和家用设备、各种城市传感器、无人驾驶车辆、智能机器人等都将成为新型智能终端。不同于传统的智能手机，这些新型终端不仅可以支持高速数据传输，还可以实现不同类型智能设备间的协作与学习。可以想象，未来整个社会通过 6G 网络连接起来的设备数量将到达万亿级，这些智能体设备通过不断的学习、交流、合作和竞争，可以实现对物理世界运行及发展的超高效率模拟和预测，并给出最优决策。

在网络运维方面，AI 智能体将把数据转化为信息，从实战中学习积累知识和经验，提供数据分析和决策建议，支撑海量数据处理和零时延智能控制，并且根据感知到的环境变化对网络中心和边缘进行负载调整和协调，处理接入和突发传输请求。在未来的智能工厂中，大量用于生产的协作机器人可以通过智能体实现信息的交互与学习，不断更新自身模型，优化制造流程。6G 的智能设计还可以为无人机集群、智能机器人等无人系统提供实时动作策略，让无人终端高效、精准地利用资源，实现高效控制与高精度定位。图像、语音、温度等数据也可以用于智能学习与协作，AI 将把局部数据连接起来，在特定环境下实现不同智能终端之间高可靠、低时延的通信和协作，并且通过大数据不断学习，持续提升工作效率和准确性。

AI 应用的本质就是通过不断增强的算力，对大数据中蕴含的价值进行充分挖掘与持续学习，从 6G 时代开始，网络自学习、自运行、自维护都将构建在 AI 和机器学习能力之上。6G 网络将通过不断的自主学习和设备间协作，持续为整个社会赋能赋智，真正做到学习无处不在，永远学习和永远更新，把 AI 的服务和应用推到每个终端用户，让实时、可靠的 AI 智能成为每个人、每个家庭、每个行业的忠实伙伴，实现真正的普惠智能。

6G 所拥有的 AI 能力不再是附加功能或 OTT 特性，而是一种原生能力。6G 的一个主要目标就是实现无处不在的 AI。在 6G 通信系统中，AI 既是服务，也是原生特性。6G 会为 AI 相关业务和应用提供端到端的支持。具体而言，6G 空口和网络设计将利用端到端 AI 及 ML 实现定制优化和自动化运维。这就是图 4-5 上半部分所展示的“面向网络的 AI”（AI4NET）。此外，所有 6G 网元都将原生集成通信、计算和感知能力，加速云上集中智能向深度边缘泛在智能演进。这就是图 4-5 的下半部分所展示的“面向 AI 的网络”（NET4AI），也称为“人工智能即服务”（AIaaS）。在 AIaaS 中，6G 作为原生智能架构，将通信、信息和数据技术以及工业智能深度集成到无线网络，并且具备大规模分布式训练、实时边缘推理和本地数据脱敏的能力。

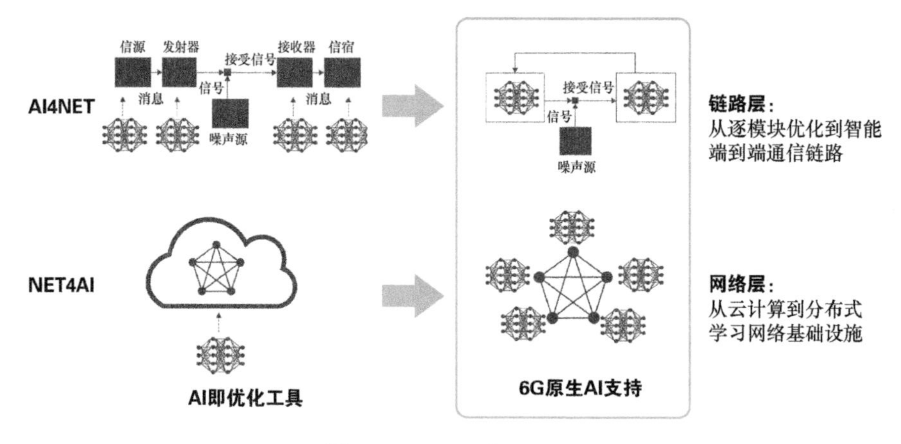

图 4-5　A4NET 和 NET4A

随着数字时代的不断演进，通信网络成为智慧城市群不可或缺的公共基础设施。对城市管理部门而言，城市公共基础设施的建设和维护是重要职责。

目前，由于不同的基础设施由不同的部门分别建设和管理，绝大部分城市公共基础设施的信息感知、传输、分析、控制仍处于各自为政的现状，缺乏统一的平台。

作为城市群的基础设施之一，6G 将采用统一网络架构，引入新业务场景，构建更高效、更完备的网络。未来 6G 网络可由多家运营商投资共建，采用网络虚拟化技术、软件定义网络和网络切片等技术将物理网络和逻辑网络分离。人工智能（AI）深度融入 6G 系统，将在高效传输、无缝组网、内生安全、大规模部署、自动维护等多个层面得到实际应用。

4.6.1　智能推荐让选择不再恐惧

推荐系统是人与信息的连接器，用已有的连接去预测未来用户和物品之间会出现的连接。推荐系统本质上处理的是信息，它的主要作用是在信息生产方和信息消费方之间搭建起桥梁，从而获取人的注意力。

世界是一个数字化的大网，从人类角度来看里面只有两类节点：人和其他。万事万物有相互连接的大趋势，如人和人倾向于有更多社会连接，于是有了各种社交产品；人和商品有越来越多的消费连接，于是有了各种电商产品；人和资讯有越来越多的阅读连接，于是有了信息流产品。

智能推荐是非常重要的数据产品，是较早实现了智能化、自动化的数据产品。它不需要用户提供明确的需求，只需要根据用户的历史行为去建模，然后根据用户的历史行为判断其接下来的行为和喜好，去给用户做相对应的内容、产品推荐。当用户没有明确的目的时，也可以帮助用户发现新内容，如图 4-6 所示。

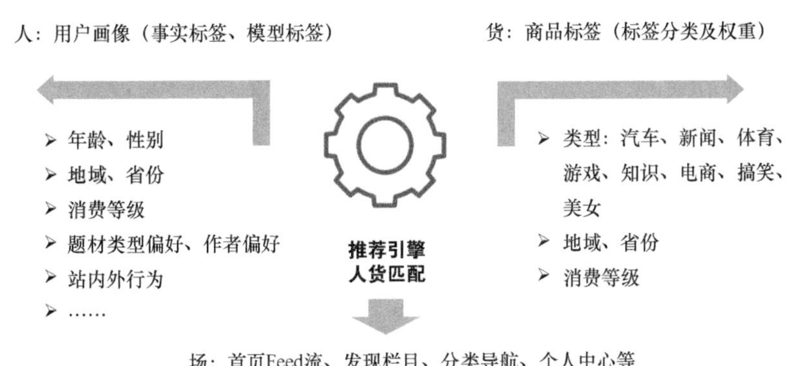

图 4-6　智能推荐的机制

4.6.2　智能服务让生活更高效

加快建设智慧城市，有利于提升城市治理水平，推动城市治理手段、治理模式、治理理念创新。近年来，越来越多的前沿技术在城市生活中普及，不断满足群众需求，优化便民服务，改善居住环境。

智慧服务切实将温情承诺兑现于实际生活中，从“孩子去哪儿上幼儿园”到“我家水龙头漏水了”，无论是咨询还是报事报修都可以得到专业客服人员的答复和跟进处理。全国集成与共享平台的建立，让7×24h的在线服务成为可能，显著降低了业主的沟通时间与成本。业主通过专属App即可实时收取社区公告、预约代收包裹或为前来拜访的亲友放行；动动手指即可缴纳物业费、水费、电费等；更可以通过语音或者文字实现24h随时家庭报事报修，并且所有服务过程都可以通过淘宝模式进行跟踪，即在线浏览服务进程并对服务结果进行评价。

在无锡理想菜场大厅里，菜场大数据屏幕上给出了全市农产品参考价，顾客无须担心菜是不是买贵了，“可溯源”功能让顾客不再担心购买的农产品有质量问题，智慧菜场的上线，帮助解决了人们在买菜过程中担心的安全、价格、新鲜程度等问题。

智慧楼宇是指将建筑作为智能实体进行管控，使信息在电子产品、智能材料、控制系统和用户之间无缝流动。实现智慧楼宇的第一步是整合楼宇内的各个子系统。作为一个复杂的生态系统，一栋建筑里可能有许多不同的子系统，如摄像头、电梯控制、空调和电力等，将6G应用在智慧楼宇中，能够整合各子系统，构建高效率、智能化的公共基础设施。此外，由于智慧楼宇中安装了大量传感器，6G需要实现这些传感器的大连接、低能耗接入。实现智慧楼宇的第二步是将各建筑连接起来。未来，移动通信基础设施将为跨平台可信提供数字基础。

（1）空中高速上网

为了给乘客提供飞机上的空中上网服务，4G/5G时代通信界为此做过大量的努力，但总体而言，目前飞机上的空中上网服务仍然有很大的提升空间。当前空中上网服务主要有两种模式——地面基站模式和卫星模式。

如采用地面基站模式，由于飞机具备移动速度快、跨界幅度大等特点，空中上网服务将面临高机动性、多普勒频移、频繁切换，以及基站覆盖范围不够广等带来的挑战；如采用卫星通信模式，空中上网服务质量可以相对得到保障，但是成本太高。为了解决这一难题，6G将采用全新的通信技术以及超越“蜂窝”的新颖网络架构，在降低网络使用成本的同时，保证在飞机上为用户提供高质量的空中高速上网服务。

（2）UAV使能智能服务

UAV，俗称无人机，各种尺寸和重量的UAV可以服务千行百业，例如采矿和勘探行业可以用它实现无人巡检，媒体和娱乐行业可以用它进行航拍……

6G时代，通信、感知和AI能力都将进一步增强，UAV也因此将在人们的日常生活中发挥越来越多的作用。比如UAV可以充当移动基站，按需提供大容量覆盖、支撑XR直播和提供高精度定位服务；利用其自动驾驶能力，大型UAV将在物流行业大展拳脚，如长途运送包裹，甚至在中途降落到小汽车或巴士上充电也有可能实现。

4.6.3　智能安全让世界更和谐

6G的出现使通信技术进入太赫兹频段，在这样的频带条件下，能够实现短时间内大量数据量的高效传输。太赫兹技术曾被评为“改变未来世界的十大技术”之一，太赫兹具有穿透性强、频率高、能量小、非电离、脉冲短等独特优势，对物质与人体几乎不会造成破坏，特别是太赫兹技术具有出色的成像清晰度与对比度，拥有强大的物体属性识别能力，因此在空间探测、宽带通信、安防、无损检测、医学成像等领域具有非常广阔的应用前景，是产业升级的重要技术手段。

6G时代，下载速度较5G得到了极大程度的提升，并且在6G时代，万物智联的实现将成为可能，万物之间的距离都将在 6G 时代靠近并可能实现无缝融合，这也包括以安全为中心的物联网生态。目前，全球 6G 技术研究仍处于探索起步阶段，技术路线尚不明确，关键指标和应用场景还未有统一的定义。在国家新基建建设发展的关键时期，更要高度重视、统筹布局、高效推进、开放创新。也正是这样，才有了创新型科技技术的发展机会。

广域物联服务是得益于 6G 全球无缝覆盖能力的又一用例。例如，6G 可以从海洋浮标收集信息，报告海上运输期间的集装箱状态，或从森林、沙漠的传感器中收集数据，及时预测、预防自然灾害。在新元煤矿，距离地面 534m 的井下采煤作业区，开通了世界首个煤矿井下 5G 网络，井下 5G 基站网络同步授时，精度提升到 100ns（纳秒）以下，矿井无人化、自动化、可视化运行成为现实。广域物联的触角将延伸至当前未联网的区域，从而更好地保护我们的生产和生活。

4.6.4 智能专家辅助准确判断

山东第一医科大学附属青岛眼科医院在省内率先部署了行业领先的 EyeWisdom 眼底影像 AI 分析系统，该系统可以通过连接部署在云端的 PACS 系统将眼底照相设备与云平台连接，实现眼底影像实时上传、AI 快速出具诊断建议，为基层医疗机构的眼科赋能，提高眼底疾病诊断的准确率，让更多患者在家门口就能做到疾病的早发现、早诊断、早治疗。

以往一位医生要经过多年从医，积累的案例经验才能让自己做出准确判断，但是现在 AI 助手可以学习海量医学影像和数据，辅助每位医生做出更好的判断。

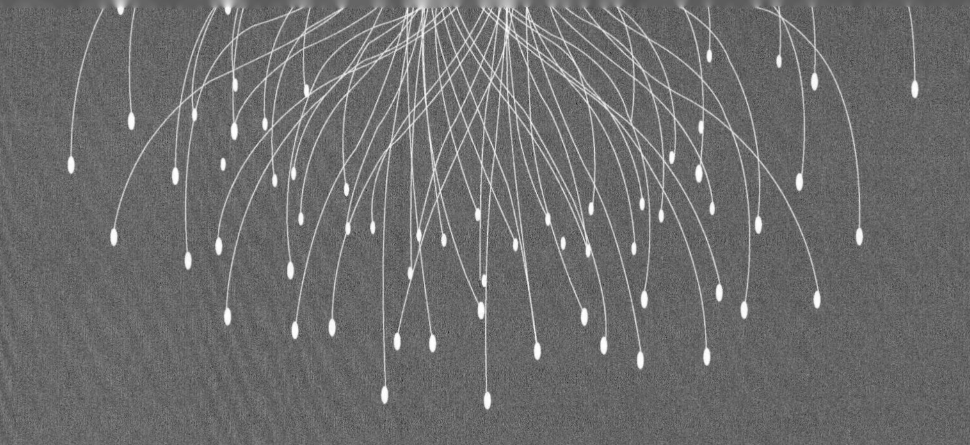

第 5 章

工业互联网与工业5.0

5.1 无人工厂中的机器协作应用场景

按照欧盟研究和创新委员会的介绍，工业4.0不过是“数字化”，它涉及欧洲工业转型、生产流程加速和工人角色改变。

跟工业4.0不一样，工业5.0不局限于此，它更加关注以人为本的需要。它包含了三层含义：

1）以人为本。促进人才多元化和授权等。

2）持续性。针对持续性发展要求，行动起来。

3）弹性。采用柔性和可调整的技术，实现弹性的工作。

Jabil制造、技术和创新副总裁Dan Gamota写道：“第五次工业革命正在从专注于数字体验转变为人类重新掌权。结果将把自动化的技能和速度与人类的批判性和创造性思维结合起来。”

欧盟预测，工业5.0将优先考虑“工人的福祉”，并对制造业采取社会化方法。受减少碳排放的需要，以及工人寻找参与、联系和完成工作的新方式需要的影响，新的工业革命将以人为中心。

尽管欧盟预测第五次工业革命将以人为中心，但这种变化仍将由技术推动。机器学习提供了一种解决方案，通过机器人和人工智能驱动的工具，可以最大限度地减少工人的压力，最大限度地提高生产力，从而覆盖可能导致工人精疲力竭的重复性任务。

除了 AR 和 VR 机器学习，人工智能驱动的机器人有望在工业 5.0 中发挥重要作用。这些技术能够优化结果，同时最大限度地减少装配和生产中的人工干预需求。

到 2030 年，全球人口数量预计将达到 85 亿，其中 65 岁以上的老年人将达到 10 亿，届时人类社会将进入老龄化时代，直接导致劳动力供给下降。在新一代产业革命与科技变革的驱动下，经济发展将更多依靠人力资本要素而非劳动力的绝对数量。一方面，通过智能化技术与工具的创新运用，将实现对劳动力的智能代替和生产效率的有效提升，全面发展的智能劳动力将会弥补人力不足，无人生产线、无人工厂等一批无人化应用将获得推广普及。另一方面，6G 技术通过服务不同群体差异化的需求，将激发在教育、医疗、文娱等领域的革命性创新，促进全球人力资本的提升。

6G 将加速垂直行业的全面数字化转型。URLLC+是超高可靠性、超低时延通信（URLLC）的持续演进，针对工业 4.0 及后工业 4.0 的机器类通信（MTC），适用于制造业、公共服务、自动驾驶和家庭管理中无处不在的机器人、UAV 和新人机接口所催生的新应用。为了适配各种垂直应用，低时延和高可靠性不仅要在一阶统计量上满足要求（如周期内的平均误差），还要符合高阶统计量的分布（如周期内误差的分布）。

（1）未来工厂

与大规模生产所使用的传统流水线不同，未来工厂的目标是完全自动、极度灵活，满足大规模定制的需求。在这场革命中，6G 网络将发挥关键作用。通过超高性能无线链路，机器不再受互联线缆的掣肘，这样模块才能自由移动、快速组成定制的流水线。AI 和数字孪生使机器人之间的经验/

知识积累、分享成为可能，从而不断优化制造工艺。6G还可以为未来工厂创造更多价值，例如，无处不在的射频感知系统能够主动维护整个生产环境和流程。由于未来工厂不需要人工值守，“熄灯制造”将显著降低运营成本和碳足迹。

（2）动作控制

自动化领域最具挑战性的用例以及最核心的逻辑就是动作控制。动作控制按照预先定义好的方式严格监控机器运动的方方面面，虽然已应用于现代制造行业，但需依赖工业以太网等有线技术。为了真正实现灵活的生产线，通信方式需要从有线转变为无线（如6G），只有具备超高可靠性（99.9999%）和超低时延（亚毫秒甚至微秒）的确定性通信能力，方能实现精确可靠的动作控制。

（3）分组协作机器人

在未来工厂里，大部分主要工作将由机器人——而不是人——来完成。在生产过程中，不同种类的机器人，如自动导引运输车（AGV）和无人机等，都会参与进来，将原材料、备件和配件从仓库运送到生产线。大型或重型零件甚至需要多个机器人协作，共同运输的过程称为“协作运输”。机器人之间安全且高效的合作，需要使用信息物理控制应用来控制、协调机器人的运动。例如，搬运刚性或易碎零件需要非常精准的协调，而柔软或有弹性的零件则允许一定的自由度，以提高搬运效率。为了满足复杂协同工作对精度的要求，就要利用6G网络提供的同步、时延和定位精度等能力，而这需要厘米级的定位精度、毫秒级的端到端时延，以及99.9999%的可靠性。当一组机器人协同起吊、搬运一个复杂的机械零件，或者无人机降落在着陆面积极小的行驶车辆上时，每个机器人或无人机都必须准确地判断自己与其他机器人或无人机的相对位置。

未来，AI能通过上下文感知和动态地址解析来获取“语义位置”。有了这个能力，机器人服务员将与人类服务员别无二致，它可以给坐在窗边的顾客送去葡萄酒，而不需要向人类获取顾客的坐标。

（4）从 Cobot 到 Cyborg

最近，制造业出现了一种新的机器人——Cobot（多指与人合作的机器人）。传统机器人通常只在限定的区域内独立工作，而 Cobot 可以近距离地与人协作、互动，就跟我们的同事一样聪明，能够理解动态的环境、任务，也会关注人类安全，主动行动、主动避险，而且功能非常可靠。以上种种，无一不需要 AI、CT 和 OT 的完美融合。Cobot 的移动以及与人类的互动，有赖于 6G 的高性能感知与通信技术。

作为 Cobot 的进化版，Cyborg 这个概念诞生于 1960 年，它是一种可控有机体，也叫作控制论机体，是指利用机器来增强人类的能力。Cyborg 可用于提升人的力量或感官能力，也可以帮助人类克服身体残疾。随着神经科学的发展，6G 将是 Cyborg 互联的关键。

（5）高精度定位与追踪

6G 网络将具备感知功能，可以为通信对象提供有源定位服务（类似 5G），也可以为非通信对象提供无源定位服务（类似雷达）。通过处理散射和反射的无线信号的时延、多普勒和角度谱信息，可以提取出三维空间中物体的坐标、方向、速度及其他地理信息。高精度 3D 定位与追踪将精确至厘米级，可在网络信息和物理实体位置之间建立必要的关联，进一步在工厂、仓库、医院、零售店、农业、采矿业等各行业使能不同的应用。例如，自动化工厂中的机器人可以轻松地检索仓库货架上的零件，并进行正确的安装。

除了高精度的绝对定位，自动对接、多机器人协作等应用对相对定位也提出了很高的要求。

5.2 数字孪生与数字化生产线

随着感知、通信和人工智能技术的不断发展，物理世界中的实体或过程将在数字世界中得到数字化镜像复制，人与人、人与物、物与物之间可以凭借数字世界中的映射实现智能交互。通过在数字世界挖掘丰富的历史和实时数据，借助先进的算法模型产生感知和认知智能，数字世界能够对物理实体或者过程实现模拟、验证、预测、控制，从而获得物理世界的最优状态。

6G 将具备互联感知能力。未来的 6G 系统，频段更高（毫米波和太赫兹）、带宽更大、大规模天线阵列分布更密集，因此单个系统能够集成无线信号感知和通信能力，使各个系统之间可以相互提升性能。整个通信系统可以视作一个传感器，可以感知无线电波的传输、反射和散射，以便更好地理解物理世界，并以此为基础提供更多的新业务，因而被称为“网络即传感器”。图 5-1 展示了 6G 感知所支持的四类新业务用例。另一方面，感知可以实现高精度定位、成像和环境重建等能力，从而更精确地掌握信道信息，提高通信性能。例如，可以提高波束赋形的准确性、加快波束失败

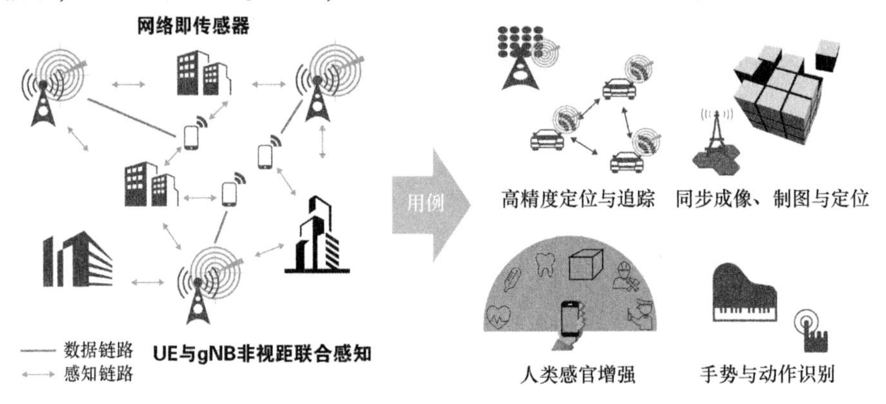

图 5-1　网络感知使能超越通信的新业务

恢复的速度、降低跟踪信道状态信息的开销，这就是“感知辅助通信”。此外，感知作为6G的基础特性，能观测并对物理世界和生物世界进行采样，从而开启了物理和生物世界与数字世界融合的“新通道”。正因为如此，实时感知对未来实现“数字孪生”这一概念非常重要（“数字孪生”是指为物理世界复刻出一个平行的数字世界）。

未来6G时代将进入虚拟化的孪生数字世界。在医疗领域，医疗系统可以利用数字孪生人体的信息，做出疾病诊断并预判最佳治疗方案；在工业领域，通过数字域优化产品设计，可降低成本并提高效率；在农业领域，利用数字孪生进行农业生产过程的模拟和推演，可以提前预知不利因素，提高农业生产的能力与土地利用效率；在网络运维领域，通过数字域和物理域的闭环交互、认知智能，以及自动化运维等操作，网络可快速适应复杂多变的动态环境，实现规划、建设、监控、优化和自愈等运维全生命周期的“自治”。

数字孪生对6G网络的架构和能力提出了诸多挑战，需要6G网络拥有万亿级的设备连接能力并满足亚毫秒级的时延要求，以便能够精确实时地捕捉物理世界的细微变化。通过网络数据模型和标准接口并辅以自纠错和自生成的能力，使得数据质量得到保障。考虑到数据隐私和安全需求，需要6G网络能够在集中式和分布式架构下均可进行数据采集、存储、处理、训练和模型生成。此外，6G网络还需要达到Tbit/s的传输速率，以保证精准的建模和仿真验证的数据量要求，通过快速的迭代寻优和决策，按需采取集中式或分布式的智能生成模式。

面向2030年，“数字孪生”和“智能泛在”将成为社会发展的目标愿景。未来6G网络的作用之一就是创造一个“智慧泛在”的世界，基于无处不在的大数据，将AI的能力赋予各个领域的应用。为了支持该愿景的实现，6G网络提出了“智慧内生”的基本特征构想，即6G网络将在设计之初就考虑与人工智能技术融合的理念，将 AI 和大数据的应用融入网络的基因中，形成一个端到端的体系架构，根据不同的应用场景需求，按需提供 AI 能力和服务。同时，6G 网络还将通过内生的 AI 功能、协议和信令流程，实现 AI 能力的全面渗透，驱动智慧网络向前演进，实现“网络无所不达，算力无处不在，智能无所不及”。

未来 6G 时代将进入虚拟化的孪生数字世界。物理世界中的实体或过程将在数字世界中得到数字化镜像复制，人与人、人与物、物与物之间可以凭借数字世界中的映射实现智能交互。

数字孪生的发展离不开三维建模、物理仿真、VR/AR 和人工智能等技术的融合发展，通过对物理实体或者过程实现模拟、验证、预测、控制，从而获得物理世界的最优状态。

近年来，数字孪生已经在智能制造、智慧家居、智慧医疗、智慧城市和智慧交通等领域有广阔的应用场景。在 6G 时代，数字孪生的形态会更加丰富，会从工业应用过渡到消费者端的规模化应用。未来，我们每个人都将拥有自己的数字孪生体，即逼真的虚拟化身，从而可以沉浸于数字孪生世界中。

数字孪生基于物理世界能够生成一个数字化的孪生虚拟世界，通过引入人工智能（AI）和大数据分析，可以进行多领域大量的物理模型建立、信息数据处理、多维度综合结果推演等过程。这将对基础通信系统的传输速率、实时性和连接规模提出新的挑战。同时，网络系统也将借助网络模块的数字孪生体进行网络性能的优化。

6G 网络的超高带宽、超低时延和超可靠等特性，可以对工厂内的车间、机床、零部件等运行数据进行实时采集，利用边缘计算和 AI 等技术，在终端侧直接进行数据监测，并且能够实时下达命令。6G 中引入了区块链技术，智能工厂所有终端之间可以直接进行数据交互，而不需要经过云中心，实现去中心化操作，提升生产效率。不仅限于工厂内，6G 可保障对整个产品生命周期的全连接。基于先进的 6G 网络，工厂内任何需要联网的智能设备/终端均可灵活组网，智能装备的组合同样可根据生产线的需求进行灵活调整和快速部署，从而能够主动适应制造业个人化、定制化 C2B 的大趋势。智能工厂 PLUS 将从需求端的客户个性化需求、行业的市场空间，到工厂交付能力、不同工厂间的协作，再到物流、供应链、产品及服务交付，形成端到端的闭环，而 6G 贯穿于闭环的全过程，且扮演着重要角色。

5.2.1　数字孪生的起源

2002 年，密歇根大学教授迈克尔·格里夫斯在产品全生命周期管理课程上提出了“与物理产品等价的虚拟数字化表达”的概念：一个或一组特定装置的数字复制品，能够抽象表达真实装置并可以此为基础进行真实条件或模拟条件下的测试。其概念源于对装置的信息和数据进行更清晰地表达的期望，希望能够将所有的信息放在一起进行更高层次的分析。

而将这种理念付诸实践的则是早于理念提出的美国国家航天局（NASA）的阿波罗项目，在该项目中，NASA 需要制造两个完全一样的空间飞行器，留在地球上的飞行器被称为“孪生体”，用来反映（或做镜像）正在执行任务的空间飞行器的状态。

数字孪生技术是指通过数字化手段将物理世界实体在数字世界建立一个虚拟实体，借此实现对物理世界实体的动态观察、分析、仿真、控制与优化。时下，许多业界主流公司都对数字孪生给出了自己的理解和定义，但实际上，人们对于数字孪生的认识依然是一个不断演进的过程。

在数字孪生概念的成熟和完善过程中，数字孪生的应用主体也不再局限于基于物联网来洞察和提升产品的运行绩效，而是延伸到更广阔的领域，例如工厂的数字孪生、城市的数字孪生，甚至组织的数字孪生。

横向来看，在模型维度上，从模型需求与功能的角度，一类观点认为数字孪生是三维模型、是物理实体的复制，或是虚拟样机。在数据维度上，一些观点认为数据是数字孪生的核心驱动力，侧重了数字孪生在产品全生命周期数据管理、数据分析与挖掘、数据集成与融合等方面的价值。

在连接维度上，一类观点认为数字孪生是物联网平台或工业互联网平台，这些观点侧重从物理世界到虚拟世界的感知接入、可靠传输、智能服务。而对于服务来说，一类观点认为数字孪生是仿真，是虚拟验证，或是可视化。

尽管当前对数字孪生存在多种不同认识和理解，尚未形成统一共识的定义，但可以确定的是，物理实体、虚拟模型、数据、连接和服务是数字孪生的核心要素。

展开来说，数字孪生就是在一个设备或系统“物理实体”的基础上，创建一个数字版的“虚拟模型”。这个“虚拟模型”被创建在信息化平台上提供服务。值得一提的是，与计算机的设计图样不同，相比于设计图样，数字孪生体最大的特点在于，它是对实体对象的动态仿真。也就是说，数字孪生体是会“动”的。

同时，数字孪生体“动”的依据来自实体对象的物理设计模型、传感器反馈的“数据”，以及运行的历史数据。实体对象的实时状态，还有外界环境条件，都会“连接”到“孪生体”上。

数字孪生网络技术包括功能建模、网元建模、网络建模、网络仿真、参数与性能模型、自动化测试、数据采集、大数据处理、数据分析、人工智能机器学习、故障预测、拓扑与路由寻优。从而把网络每一个阶段不好解决的难题转换到数字世界来求解，通过监控、预测、优化、仿真，实现网络的自治能力，如图 5-2 所示。

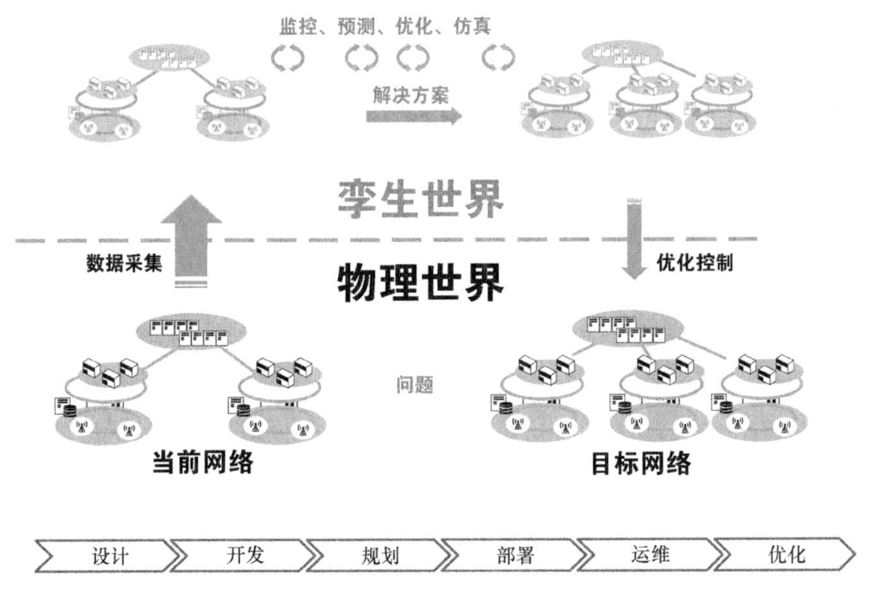

图 5-2　数字孪生实现网络自治

基于数字孪生技术和人工智能技术，6G 网络将是具备自优化、自演进和自生长能力的自治网络。自优化网络对未来网络状态的走势进行提前预测，对可能发生的性能劣化进行提前干预，数字域持续地对物理网络的最优状态进行寻优和仿真验证，并提前下发对应的运维操作，自动对物理网络进行校正。

自演进网络基于人工智能对网络功能的演化路径进行分析和决策，包括既有网络功能的优化增强和新功能的设计、实现、验证和实施。自生长网络对不同业务需求进行识别和预测，自动编排和部署各域网络功能，生成满足业务需求的端到端服务流；对容量欠缺的站点进行自动扩容，对尚无网络覆盖的区域进行自动规划、硬件自启动、软件自加载。

数字孪生技术作为应用于网络领域的新理念，需要在业界形成更多共识。从工业界以及其他行业的过程来看，这需要较长的时间。同时，数字孪生技术依赖大量的数据采集，这将增加设备成本，数据采集的方式也需要突破性的创新。

数字孪生可应用于众多领域。例如，目前数字孪生在工业生产中已经实践应用，人体数字孪生和数字孪生城市等也将有所突破。数字孪生基于物理世界能够生成一个数字化的孪生虚拟世界，通过引入人工智能（AI）和大数据分析，可以进行多领域大量的物理模型建立、信息数据处理、多维度综合结果推演等。这将对基础通信系统的传输速率、实时性和连接规模提出新的挑战。同时，网络系统也将借助网络模块的数字孪生体进行网络性能的优化。

5.2.2 理解对实体对象的动态仿真

虚实映射是数字孪生的基本特征，虚实映射通过对物理实体构建数字孪生模型，实现物理模型和数字孪生模型的双向映射。这对于改善对应的物理实体的性能和运行绩效无疑具有重要作用。

事实上，对于工业互联网、智能制造、智慧城市、智慧医疗等未来的智能领域来说，虚拟仿真是其必要的环节。而数字孪生虚实映射的基本特征，则为工业制造、城市管理、医疗创新等领域由“重”转“轻”提供了良好路径。

以工业互联网为例，在现实世界，检修一台大型设备，需要考虑停工的损益、设备的复杂构造等问题，并安排人员进行实地的排查检测。显然，这是一个“重工程”。而通过数字孪生技术，检测人员只需对“数字孪生体”进行数据反馈，即可判断现实实体设备的情况，完成排查检修的目的。

其中，GE 就借助数字孪生这一概念，提出物理机械和分析技术融合的实现途径，并将数字孪生应用到旗下的航空发动机的涡轮，以及核磁共振设备的生产和制造过程中，让每一台设备都拥有了一个数字化的“双胞胎”，实现了运维过程的精准监测、故障诊断、性能预测和控制优化。

近几年数字孪生城市的构建，更是引发城市智能化管理和服务的颠覆性创新。比如，河北省雄安新区就实现了融合地下给水管、再生水管、热水管、电力通信缆线等12种市政管线的城市地下综合管廊数字孪生体，让人惊艳；江西省鹰潭市的“数字孪生城市”荣获巴塞罗那全球智慧城市大会颁发的全球智慧城市数字化转型奖。

此外，由于虚实映射是对实体对象的动态仿真，也就意味着数字孪生模型是一个“不断生长、不断丰富”的过程：在整个产品生命周期中，从产品的需求信息、功能信息、材料信息、使用环境信息、结构信息、装配信息、工艺信息、测试信息到维护信息，不断扩展、不断丰富、不断完善。

数字孪生模型越完整，就越能够逼近其对应的实体对象，从而对实体对象进行可视化、分析、优化。如果把产品全生命周期各类数字孪生模型比喻为散乱的珍珠，那么将这些珍珠串起来的链子，就是数字主线（Digital Thread）。数字主线不仅可以串起各个阶段的数字孪生模型，也可以串起产品全生命周期的信息，确保在发生变更时，各类产品信息的一致性。

在全生命周期领域，西门子借助数字孪生的产品全生命周期管理（Product Lifecycle Management，PLM）软件将数字孪生的价值推广到多个行业，并在医药、汽车制造领域取得显著的效果。

以葛兰素史克疫苗研发及生产的实验室为例，通过“数字化双胞胎”的全面建设，使复杂的疫苗研发与生产过程实现完全虚拟的全程“双胞胎”监控，企业的质量控制开支减少了13%，它的返工和报废减少了25%，合规监管费用也减少了70%。

从虚实映射到全生命周期管理，数字孪生展示了对于各个行业的广泛应用场景。在2018年《计算机集成制造系统》中的“数字孪生及其应用探索”一文中，就归纳了包括航空航天、电力、汽车、石油天然气、健康医疗、船舶航运、城市管理、智慧农业、建筑建设、安全急救、环境保护在内的 11 个领域、45 个细分类的应用。这也使数字孪生成为数字化转型进程中炙手可热的焦点。Gartner 和树根互联共同出版的行业白皮书《如何利用数字孪生帮助企业创造价值》中预测，到 2024 年，将有超过 25%的全新数字孪生作为新 IoT 原生业务应用的绑定功能被采用。

5.2.3 为你创造一个虚拟副本

数字孪生的概念逐步扩展到了模拟仿真、虚拟装配和 3D 打印等领域。随着物联网技术、人工智能和虚拟现实技术的不断发展，更多的工业产品、工业设备具备了智能的特征，而数字孪生也逐步扩展到了包括制造和服务在内的完整的产品周期阶段，并不断丰富着数字孪生的形态和概念。

企业界走在数字孪生的前列。工业 4.0 下的数字孪生被各大软件厂商赋予了各自的理解，并将其与自身业务融合，致力于打造出现实世界与虚拟世界融合的解决方案。

美国通用电器公司（GE）与 ANSYS 公司借助数字孪生这一概念，提出物理机械和分析技术融合的实现途径，让每个引擎，每个涡轮，每台核磁共振都拥有一个数字化的“双胞胎”，并通过数字化模型在虚拟环境下实现机器人调试、试验、优化运行状态等模拟，以便将最优方案应用在物理世界的机器上，从而节省大量维修、调试成本。

西门子引用数字孪生的概念，来形容贯穿于产品生命周期各环节间的数据模型。通俗地说，数字孪生就是仿真模拟一些工厂的实际操作空间，从产品设计到产线设计，到设备制造方的机械设计和工厂的规划，再到最后制造执行和产品大数据。

法国软件公司达索系统在数字孪生创新协作和验证中，不仅重视产品的数字化表现，更试图通过三维体验平台实现设计师和客户之间的互动。

德国软件公司SAP基于Leonardo平台在数字世界打造了一个完整的数字化双胞胎，在产品试验阶段采集设备的运行状况，进行分析，得出产品的实际性能，再与需求设计的目标比较，形成产品研发的闭环体系。

简而言之，工业4.0下的数字孪生，更多是为制造业提供了产品在物理空间和虚拟空间之间的映射关系，以及在实体世界和数字虚拟空间中记录、仿真、预测对象全生命周期的运行轨迹的过程。

在智慧城市的建设中，数字孪生的核心在于构建与城市物理空间全面映射的虚拟（信息）空间。不同于制造业产品周期管理中被制造商全面掌握的产品信息化数据，城市作为一个庞大的复杂系统，其包含的物理空间及过程，无时无刻不在产生着多维的海量大数据，这无疑在数据收集、处理、运算、存储和管理上向城市数字孪生提出了挑战。

近年来，以数据为核心的城市生态链构建了智慧城市的顶层设计，形成以共享信息为中心、各行业协同实现的“感知-应用-共享信息”的智慧城市模式。与此同时，在大数据、人工智能、云计算、物联网等新兴ICT技术的推动下，多维的海量城市数据也逐步以不同方式被挖掘并应用在智慧城市的研究和实践中。

传统城市统计数据的电子化与空间可视化是城市大数据发展迈出的第一步。基于GIS平台上对行政边界的勾绘，并将其与传统的年鉴统计数据相匹配，就能实现传统数据的电子化与可视化，并依托GIS空间分析功能实现空间可视化与分析。

随着大数据在城市研究中的广泛应用和快速发展，基于建成环境层面的形态要素数据（如遥感、街景和POI数据）和多种互联网数据（如微博、点评和手机信令数据）开展的针对大规模群体的研究，为利用大数据解释城市问题提供了大量案例参考，并逐步建立了理论基础。然而，这些基于较粗尺度城市物理空间，抑或是大规模群体的大数据，仍较难被应用于个体的深层剖析和研究解读。

而可穿戴式相机为大规模采集个体数据提供了新的契机，通过记录的图片数据将个人活动信息数字化，形成“数字自我”的电子档案，弥补了现有研究中对个体行为数据采集不够连续、维度不够丰富的问题，这也是从城市环境数据化向个体行为信息化的转变之一。同时，个体行为信息化也将推动研究方法的革新和新技术的介入，从主观的“个体感知”转向客观的“量化研究”。

从数字孪生的角度来看，基于可穿戴式相机记录下的图片数据，通过整理和分析，可以剥离出个体在物理空间中的行为特征要素，进一步将这些个体行为特征要素在时空上数字化，从而构建了其在虚拟（信息）空间内的数字双胞胎。同时，图片数据中包含的大量物理空间建成环境要素同样可以被数字化并记录在虚拟空间内，从而反映物理空间和虚拟空间内个体和环境之间的交互。

相比于设计图纸，数字孪生体最大的特点在于：它是对实体对象（姑且就称为“本体”吧）的动态仿真。也就是说，数字孪生体是会“动”的，而且数字孪生体不是随便乱“动”。它“动”的依据，来自本体的物理设计模型，还有本体上面传感器反馈的数据，以及本体运行的历史数据。本体的实时状态，还有外界环境条件，都会复现到“孪生体”身上。

如果需要做系统设计改动，或者想要知道系统在特殊外部条件下的反应，工程师们可以在孪生体上进行“实验”。这样一来，既避免了对本体的影响，也可以提高效率、节约成本。本体和孪生体之间的数据流动可以是双向的。并不是只能由本体向孪生体输出数据，孪生体也可以向本体反馈信息。企业可以根据孪生体反馈的信息，对本体采取进一步的行动和干预。

在 2030 年及以后的时代，随着信息和感官的泛在化，整个世界将基于物理世界生成一个数字化的孪生虚拟世界，物理世界的人和人、人和物、物和物之间可通过数字化世界来传递信息与智能。孪生虚拟世界则是物理世界的数字化模拟，它精确地反映和预测物理世界的每个智能体乃至整个世界的真实状态，并对未来发展趋势进行提前预测，提出和验证对物理世界的运行进行提前干预的必要手段和措施，避免物理世界的个体或群体灾害风险和事故的发生，帮助人类更进一步地解放自我，提升生活的质量，提升整个社会生产和治理的效率，实现“重塑世界”的美好愿景。

所以，数字孪生不仅在工业领域发挥作用，也将在通信、智慧城市运营、家居生活、人体机能和器官的活动监控与管理等方面大有可为。同时，随着人工智能和大数据技术的突破，数字孪生世界将为AI的应用提供更广阔的场景，未来6G网络的作用之一就是基于无处不在的大数据，将AI的能力赋予各个领域的应用，创造一个“智能泛在”的世界。所以，6G将通过泛在智能实现万物智联。机器之间可以开展智能协同工作，体域网设备之间可以进行智能监测和协作，人与虚拟助理之间可以进行深度思想交互，甚至人与人之间也可以进行智力交换，全面提升人类学习的技能与效率。

5.3　数字化生产线的构成

在基础设施行业中，数字孪生的应用日益增加，包括铁路、公路、核电站、水电站、火电站、城市建筑乃至整个城市，以及矿山开采。

为一座工厂建立数字孪生系统，通过3D建模，在计算机中复制工厂里的物理对象，并模拟工厂在现实环境中的行为，对产品的设计、工艺、制造，乃至整个工厂进行虚拟仿真，从而提高产品研发、制造的生产效率；提前预判出错的可能，实现节约生产成本、降低生产损耗的目的。要建立数字孪生工厂，简单来讲，需要两步：

1. 设备同步

搭建一套基于真实生产线的虚拟生产线，对真实设备进行 3D 建模，将 3D 模型放置到线上虚拟场景内，实现真实生产线和虚拟生产线一一对应。如果想要对整座工厂建立数字孪生系统，需要对厂房、道路、树木、人物等所有要素进行数字化建模。

2. 数据同步

车间里真实设备，是通过 PLC 数据驱动让设备实现既定的动作。我们通过采集 PLC 数据，驱动虚拟系统里的设备模型，进行同样的既定动作，就能够实现真实设备与虚拟设备的实时联动，从而对生产线进行实时监控。除了设备数据之外，还需要安装摄像头、传感器等其他数据采集设备，以实现对工厂和车间更多数据的采集，比如人员数据、人员位置数据、设备数据，这些数据也需要同步到系统中。

有了对工厂和车间高度仿真的三维建模，三维建模接入了工厂车间的实时数据之后，监控人员坐在监控室内，看着虚拟的生产线，就能实时了解真实车间的工作状态，不需要到车间巡视检查，通过虚拟生产线的数字孪生世界，就能更加清晰地了解到真实生产线的实际生产状况。

数字孪生的应用越来越广泛。数字孪生可以表示物理对象的历史和实时状态，使用特定应用程序，可以生成物理对象的实时可视化，将 3D 模型与实时数据相结合，以现有仿真模型或数字孪生新模型来执行不同的仿真。产线可与虚拟世界中 1：1，通过数字孪生体+AI 能力+物联网，提供设计验证和优化一个零件、一件产品、一套制作工艺或一套生产设备的方法。通过快速迭代持续优化产品技术性能，帮助公司变得更加灵活，降低成本，提高质量，提高公司各层次的生产力。支持新的商业模式，创造颠覆性机会。

例如，宗申以发动机核心技术著称，产品包括摩托车发动机、特种车发动机、通机发动机、船艇发动机、航空发动机，动力终端产品包括摩托车、特种车、园林机械、大中小型农机。其中，摩托车发动机、通机、三轮车位居行业前列。忽米瑶光在发动机生产工艺中，首次加入工业 AI 算法能力，为 1011 产线提高了生产效率和成品质量。

6G 绿色节能提出新的发展要求。高耗能行业的绿色低碳转型需要 6G 提供更加精准、高效的数字化管理能力。如电力领域，智能电网的运行态势监测、应急指挥调度等功能要求 6G 提供更安全、更可靠、更加高效的感知和分析能力，助力电力系统提效。在建筑领域，装配式建筑工厂推广、智能制造质量管控与安全监管等要求 6G 提供更完善的数字化设计体系和人机智能交互能力。在工业领域，工厂需借助 6G 高速率、海量链接的优势，推进工业生产全流程动态优化和精准决策，助力工业企业节能减排。

5.4　制造过程工艺仿真的关键问题

工艺仿真是利用产品的数字样机，对产品的加工和装配流程等建模，在计算机上实现产品从零件加工到组件装配成产品整个过程的仿真。在建立了产品和资源数字模型的基础上，可以在设计阶段模拟出产品的实际生产过程而无须实物样机。工艺仿真使合格的设计模型加速转化为工厂的完美产品。

工艺仿真利用计算机图形学技术及核心算法，涵盖机加、铸造、表面处理、工装设计、生产布局、装配、检测等多个专业的工艺过程规划及仿真应用场景，包含机械结构模型建立、多专业学科仿真分析（涵盖机械系统的强度、应力、疲劳、振动、噪声、散热、运动、灰尘、湿度等方面的分析）、多学科联合仿真（包括流固耦合、热电耦合、磁热耦合，以及磁热结构耦合等）以及半实物仿真等。

装配工艺仿真是在虚拟环境中依据设计好的装配工艺流程，通过对每个零件以及成品和组件的移动、定位、夹紧和装配过程等进行产品与产品、产品与工装的干涉检查。当系统发现存在干涉情况时报警，并给出干涉区域和干涉量，以帮助工艺设计人员查找和分析干涉原因。

机械加工工艺过程仿真是按照产品的加工工艺，在虚拟环境下重现产品的加工过程。对诸如铸造、锻造、切削、热处理、焊接这样的工艺机理的模拟，通过材料学、传热、固体力学、流体力学等科学计算来判断这些工艺实施的可行性、效率和效果。另一种加工工艺仿真是数控加工仿真，是通过图像学原理来对数控程序进行校正，并不考虑物理机理和工艺实施的可行性。

人机交互工艺仿真是在计算机中建立人、机、环境的数字模型，结合人体生理特征和姿态动作，模拟人机交互的动态过程，并利用人机工程学的各种评价标准和算法，对产品开发过程中的人机工程因素进行量化分析和评价。按照工艺流程进行装配工人可视性、可达性、可操作性、舒适性以及安全性的仿真。

类似 CAE 技术，在数字孪生体中，工艺仿真技术同样是“先知”的支撑技术。不仅能克服传统工艺设计带来的缺陷，还能通过在数字孪生体中提前预测和实时优化，并反馈和控制物理世界的工艺过程，在工艺执行的各个环节避免各种可能发生的问题。

随着传统的建模仿真技术与物联网、大数据、人工智能技术的进一步融合，在工业领域，通过数字孪生技术的使用，将大幅推动产品在设计、生产、维护及维修等环节的变革。基于模型、数据、服务方面的优势，数字孪生正成为工业互联网的关键技术。同时，工业互联网业亦成为数字孪生技术扩展应用场景的孵化床，从制造业逐步延伸拓展至更多的工业互联网空间。

数字孪生技术在世界上还处于初级阶段，只有一些大公司尝试在一些领域和环节运用数字孪生技术来改造一些设备和工艺。目前，我国在工业、城市等领域的数字化程度仍然较为薄弱，缺乏构建数字孪生所需要的数据基础和技术支撑。对于企业来说，循序推进企业数字化升级，打通业务和管理层面的数据流，将是当前发展阶段的主旋律。

5.5 工厂物流仿真规划发展方向

物流仿真在我国已逐渐显出其重要作用。我国物流发展水平和研究应用能力还不尽如人意，物流企业或企业物流在面临物流工程项目投资新建或原有系统技术改造时，由于缺乏准确丰富的信息数据和必要的物流仿真系统决策支持，造成了企业物流项目建设投入的盲目性和资金流失。物流仿真借助计算机技术对物流系统进行真实模仿，通过仿真实验得到各种动态活动及过程瞬间仿效记录，进而验证物流工程项目建设的有效性、合理性和优化效果。

物流仿真技术是借助计算机技术、网络技术和数学手段，采用虚拟现实方法，对物流系统进行实际模仿的一项应用技术，它需要借助计算机仿真技术对现实物流系统进行系统建模与求解算法分析。

通过仿真实验得到各种动态活动及其过程的瞬间仿效记录，进而研究物流系统的性能和输出效果。物流仿真是指评估对象系统（配送中心仓库存储系统、运输系统等）的整体能力的一种评价方法，如UPS（United Parcel Service，Inc. 美国联邦包裹快递）公司想在满足客户服务质量的前提下，在庞大的人员车辆配置和成本之间取得最佳平衡的时候，它求助的方法是物流仿真技术；再如宝洁（P&G）总部提出要设计一个覆盖北美洲的高效的供应链网络，该网络不但要满足客户的日常订单处理和配送要求，还要具有极强的抗波动性，宝洁公司采用的解决办法也是物流仿真技术在复杂物流系统的分析和决策中的巨大价值在欧美已成为不争的事实，每年创造着数以千亿美元的经济效益。

在我国，物流仿真技术还是一个比较新的概念，大多数企业对物流仿真技术的应用状况及其意义了解并不多。物流仿真技术最大的优点就是不需要实际设备的安装，不需要实施相应的方案，即可验证如下目标：

- 增加新设备后，给公司或企业带来的效应；
- 设计新的生产线的好坏；
- 比较各种设计方案的优劣等物流仿真对降低整个物流投资成本，是不可或缺的。

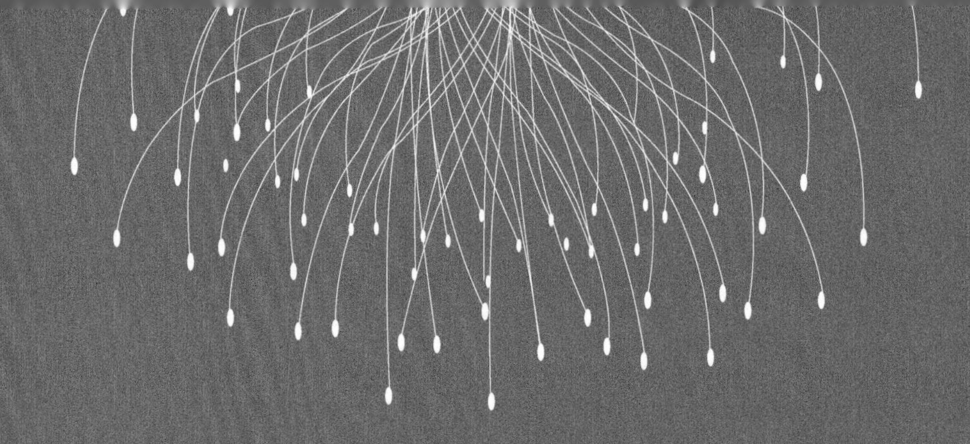

第 6 章

智慧城市与智慧生活

6.1 数字孪生城市

城市的持续发展与繁荣是现代文明的伟大胜利之一。城市承载了世界上大多数的人口，也创造了超过 80% 的全球 GDP。在规模化快速发展的同时，城市也面临系列挑战，如碳排放增加与环境污染、交通拥堵，以及狂风暴雨等自然灾害下暴露出的城市脆弱性等。城市转型与可持续发展的目的是实现人与自然世代共同繁荣，这需要将城市发展的重点从创造建筑环境转移到改善城市建设的成果，城市必须造福于人和地方发展。为实现这一目标，城市的系统必须协同起来，因为城市是由相互连接的资产和网络组成的复杂系统。城市是“系统的系统”。

当今时代，我们面临的主要挑战也是系统性的：实现零碳发展、适应气候变化和发展循环经济都是系统层面的挑战，需要基于系统的解决方案。因此，我们需要基于系统的政策、技术、策略和工具，推动城市高质量转型。

联合国《改变我们的世界：2030 年可持续发展议程》提出“建设包容、安全、有抵御灾害能力的可持续的城市和人类住区”的目标。然而，这一目标虽被广为接受，却不具备清晰的实现路径。城市可持续发展目标的实现，既依赖数字技术的创新与赋能，也需要政策支持与机制变革。

数字孪生城市（Digital Twin Cities）正是面向未来可持续发展提出的城市规划建设新理念与新模式，是数字技术革新与城市运行机制创新的有效结合，是城市升级的可行路径。通过物理城市与数字城市的精准映射、虚实融合、软件定义、智能反馈，促进城市生产更加高效安全、生活服务更加便捷包容、生态环境更加低碳可持续。

利用以数字孪生为代表的第四次工业革命技术，配合政策机制改革，重塑优化城市规划方法、治理服务模式和运营机制，可以帮助我们更好地理解复杂的系统，更有效地进行干预，正成为城市直面挑战、迭代升级的一种可行路径。将城市作为一个复杂的系统来管理，重点是为人类、社会和自然提供更好的结果，这需要整合建筑环境和自然环境等，同时要求我们将现实世界、数字世界和人类世界连接起来。

数字孪生城市是通过数字化虚拟的构建，将城市的物理空间映射到数字空间，通过模拟、监控、诊断、预测和控制，解决城市规划、设计、建设、管理、服务的复杂性和不确定性问题，实现城市物理维度和数字维度的同步运行、虚实互动。数字孪生城市具备4大典型技术特征，即精准映射、分析洞察、虚实交互和智能干预。

数字孪生城市追求3大目标愿景，即城市生产运行更加集约高效，城市生活空间宜居便捷，城市生态环境可持续发展。在城市生产中，运用数字孪生技术，实现对人流、物流、能量流、信息流等复杂场景的智能化分析，如优化城市空间布局，纾解复杂路口拥堵，自然灾害模拟推演，科学制定应急疏散方案等，洞察城市运行规律，降低城市治理成本，提升市民生活质量。在城市生活中，利用数字孪生技术监测城市基础设施性能，预测故障规避风险，保障居民生活安全，同时打造虚实交互、个性定制的数字孪生医疗、课堂、社区等服务。在生态减排中，数字孪生城市有助于城市管理者和专家在三维全息场景下评估优化生态布局，遴选碳排放政策最优方案，推动能源设施精细化运维、碳轨迹追踪，助力城市实现碳中和。

数字孪生城市发展涵盖 9 大要素，呈现“4+5”的要素框架。基础设施、数据资源、平台能力、应用场景是数字孪生城市的 4 大内部要素，为数字孪生城市提供内生动力和数字底座。战略与机制、利益相关方、资金与商业模式、标准与评估、网络安全是数字孪生城市的 5 大外部要素，为数字孪生城市提供良好环境和外部支撑。

当前数字孪生城市建设仍然面临诸多挑战，例如对其认识仍相对片面，对其价值认知尚不统一，海量数据汇聚增加了数字安全与隐私保护风险，复合型人才资源、行业知识资源有所欠缺，创新的商业模式等仍亟待深化等。据统计，目前 66.7%的数字孪生城市项目资金来源于政府财政投资，社会资本和企业力量投入仍需提高。技术解决方案是必要的，但仅依靠技术方案是不够的。科技以人为本，数字孪生城市的最终目标是促进社会公平与包容，保护个人权益和积极促进城市转型的商业力量，让弱者变强，让强者更有爱，让城市更宜居，让自然更和谐。一个城市级的数字孪生项目要想取得成功，还必须解决人力和组织方面的因素，涉及道德和技能、商业、法律和监管解决方案。数字孪生城市不仅要实现跨组织边界数据共享，更要驱动每个组织信息管理成熟度的提高。因此数字孪生城市项目必须是“社会技术”，使每个组织都能从更好的决策中受益，并使数字孪生子系统在整个经济中提供更好的结果。简而言之，数字孪生的社会技术变革项目为人类、社会和自然更好地发展提供了路径。

面对挑战，展望未来，数字孪生城市高质量发展需要政府、企业等相关利益方协同推进。政府要充分协调自上而下的顶层设计与自下而上的基层需求，激发市民和机构的创新热情；围绕个体需求设计更多跨行业领域的数字孪生场景，以需求牵引供给，不可为孪生而孪生；分级分类构建孪生城市数据体系，确保分布式安全保障与个人隐私保护；搭建协同创新的跨学科梯次人才队伍。企业要降低数字孪生城市应用场景的生成门槛，吸引更多从业者和中小企业参与；重点锻造数字孪生领域独特长板，形成组合式创新繁荣生态；注重产业实施中的标准引领，形成互联互通互利共赢的标准化伙伴关系；同时，要拓展数字孪生城市从 to G 市场走向 to B 和 to C 市场，将项目一次性建设关系转变为长效化经营与购买服务关系。

数字孪生技术是一种新型思维模式和先进科技力量。对数字孪生技术的认识、理解，对数字孪生治理框架下的摸索、探讨、共识，对应用场景的孵化、扶持、规范，这些都是长期而重要的工作，需要多个利益相关方的通力合作，共同进步。

6.1.1 数字孪生城市的概念与价值

当今世界城市正成为经济社会快速发展的核心载体与创新中心。在经济社会快速发展的同时，城市也面临经济复苏乏力、减排降碳、应急防灾、医疗养老服务需求激增等日益严峻的挑战。联合国提出到2030年应达到的17个可持续发展目标，其中“可持续的城市和人类住区”等目标的实现既依赖数字技术创新，也需要政策环境支持。随着第四次工业革命的发展，以数字技术为主要驱动力，以数据为核心生产资料的城市发展和转型之路显得越来越清晰可见。数字孪生技术，正成为物理世界和数字世界之间的桥梁。数字孪生城市，让城市的管理和运行在时空尺度上更加自由和形象。

1. 数字孪生城市概念认识逐渐清晰

经过近20年的发展，数字孪生技术正从制造业走入千行百业，走近普罗大众生活。数字孪生城市是基于数字孪生技术的城市发展新理念与新模式，其概念正逐渐清晰化。

2002 年，“信息镜像模型”概念首次提出，初步描绘数字孪生概念。Michael Grieves（迈克尔·格里夫斯）教授首次提出了“镜像空间模型（Mirrored Spaces Model）”概念，并于 2006 年发表著作明确为“信息镜像模型”，即在虚拟空间构建一套数字模型，可以与物理实体进行交互映射，完全描述物理实体全生命周期的运行轨迹。

2012 年，“数字孪生与数字孪生体”定义首次被提出，之后在工业中开展应用。受美国国家航空航天局阿波罗计划启发，E. H. Glaessgen 和 D. S. Stargel 首次给出了数字孪生和数字孪生体的定义，数字孪生是指充分利用物理模型、传感器、运行历史等数据，集成多学科、多尺度的仿真过程，它作为虚拟空间中对实体产品的镜像，反映了相对应物理实体产品的全生命周期过程。

2017 年，“数字孪生城市”理念被首次提出，并用于智慧城市规划建设。中国信息通信研究院首次提出数字孪生城市概念，即基于数字化标识、自动化感知、网络化连接、普惠化计算、智能化控制、平台化服务的信息技术体系，在数字空间再造一个与物理城市匹配对应的数字城市，全息模拟、动态监控、实时诊断、精准预测城市物理实体在现实环境中的状态，推动城市全要素数字化和虚拟化、全状态实时化和可视化、城市运行管理协同化与智能化，实现物理城市与数字城市协同交互、平行运转。

2017 年，“智慧城市数字孪生体”概念被提出。佐治亚理工学院从城市平台角度提出，智慧城市数字孪生体是一个智能的、支持物联网、数据丰富的城市虚拟平台，可用于复制和模拟真实城市中发生的变化，以提升城市的韧性、可持续发展和宜居性。

2018 年，初步提出了“数字孪生五维模型”。北京航空航天大学陶飞教授提出了物理实体、虚拟实体、服务、孪生数据、连接的数字孪生的五维模型，并认为，数字孪生是以数字化方式创建物理实体的虚拟模型，借助数据模拟物理实体在现实环境中的行为，通过虚实交互反馈、数据融合分析、决策迭代优化等手段，为物理实体增加或扩展新的能力。

2019 年之后，“数字孪生城市”概念被广泛推广和普遍认可。从历次概念的提出和演进上看，数字孪生城市是“数字孪生”概念用于智慧城市建设的一种新模式，即在数字空间再造一个与现实世界一一映射、协同交互的复杂巨系统，实现城市在物理维度和数字维度的虚实互动。

数字孪生城市的运行机理大致包含以下几个环节。首先，通过物联感知、信息建模、泛在网络等技术采集交通、生态环境、城市运行等实时数据，实现由实入虚的连接与映射；其次，基于城市运行规律、知识图谱和大数据分析算法，在数字空间进行分析洞察，发现问题，并制定供城市管理者参考的科学合理的决策依据；最后，通过物联网远程控制和交互界面作用于现实城市，实现以虚控实，最终实现对物理城市的全生命周期管理服务、城市运行优化改进和经济可持续性发展。

2. 数字孪生城市具备四大技术特征

从以上概念认识与运行机理来看，数字孪生城市基本具备 4 个典型的技术特征，如图 6-1 所示，即物理城市与数字城市的精准映射、数字城市

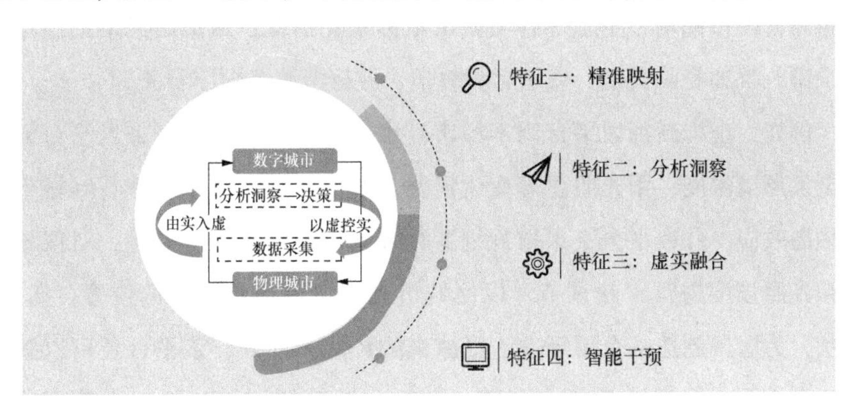

图 6-1　基于数字孪生城市运行机理的技术特征

的分析洞察、数字城市与物理城市的虚实融合、数字城市对物理城市的智能干预。

（1）物理城市与数字城市的精准映射

通过利用物联网（IoT）、地理信息系统（GIS）、建筑信息模型（BIM）等，数字孪生城市可以分层次、分尺度呈现出物理城市运行的全貌，包括城市建筑物、交通道路、植被、水系、城市部件、管线等全要素静态地理实体，以及人、车辆、终端、组织等城市动态变化的各类主体。

（2）数字城市的分析洞察

在数字空间中，基于物理城市采集数据的汇聚整合，可以分析城市拥堵情况、楼宇能耗情况、规划是否合理、地下管线是否需要维修等，洞察城市运行风险，并以数字化模拟的方式呈现出真实场景效果，用户可以通过修改信号灯配时、控制高耗电设施、改变规划选址等，制定策略举措，以改善城市运行状态。

（3）数字城市与物理城市的虚实融合

物理城市在数字空间中得以丰富、延展、扩大，例如：城市管理者可以基于数字平台界面与物理城市互动，搜索实体和框选统计分析，改动城市布局，模拟拥堵、生态等各项城市指标变化情况；城市居民借助虚拟现实眼镜，犹如身临其境，获取远程教学、旅行漫游等数字服务。

例如，虚拟新加坡平台用于城市环境改善优化。虚拟新加坡平台继承了全天环境温度、阳光照射等变化情况，城市规划者可以直观看到城市区域热岛效应，并在平台上采取规划屋顶绿地、增加风道等措施，对区域温度和光照强度进行干预调节，以便城市规划者调节建筑物的位置、高度、形状，为居民创造一个更舒适、更凉爽的环境。此外，该平台还可以随时叠加噪声图、能源消耗热力图等，进行分析模拟计算，制定改善环境的措施。

（4）数字城市对物理城市的智能干预

在数字空间中，数字孪生城市平台可以实时呈现城市运行状态，一旦物理城市出现事故、灾害等警报，城市管理者可以快速地决策部署。此外，也可以通过深度学习、模拟仿真来预测城市可能发生的问题或风险，加以预防，以降低财产损失，保障人民安全。

3. 数字孪生技术为城市带来巨大价值

数字孪生有助于促进城市降本增效，提高城市活力。一是提升企业盈利能力，数字孪生技术允许同时运行“如果”和“最好”场景，以确定可实现利润最大化的可用策略。二是优化资源配置，对要素配置、加工、流通等关键环节进行智能化分析，并通过政策调控使资源利用更加高效合理。据预测，到 2024 年，超过 25%的新建 IoT 业务应用将绑定采用数字孪生功能。三是降低城市创新成本，数字孪生城市模型可以作为一种云服务供企业和市民使用，提高城市创新活力。

数字孪生有助于显著改善居民生活，提升城市包容性。一是提升市民生活幸福感，通过虚实融合、情景交融的数字孪生医院、数字孪生课堂、数字孪生养老院等，可以对服务个体进行全程、全时、全景个性化跟踪服务，优化服务体验。二是保障人身安全，提升城市运行安全性和可靠性，数字孪生城市可以模拟资产、设备性能，用于预测故障和规避风险，有利于保障居民生活安全。三是数字孪生城市平台为老人、儿童等各年龄段社会公众提供可视化、立体化服务，显著降低数字孪生服务门槛，实现公众共享数字化红利。

数字孪生有助于不断优化生态环境，提高城市韧性。一是降低城市能源成本，助力城市应对气候变化。据调查，德国一个虚拟电厂项目，每年可为园区减少 630t 的 CO_2 排放，降低园区能耗总成本 4.2%。二是优化生态布局，专家或城市管理者可以在数字空间评估多个城市规划方案或策略建议，实时计算评估生态环境指标，选取最优方案。

4. 数字孪生城市的三大愿景

在数字空间，城市实体可以自由编辑以改善布局，城市决策可以图形化推演以展现效果，城市设备可以远程控制以快速干预，城市问题与风险可以提前洞察以快速应对，城市生产运行更加集约高效，城市生活空间宜居便捷，城市生态环境可持续发展。

城市生产运行集约高效。在数字孪生城市中，城市危化品运输动态轨迹、地下管网各项运行指标、自然灾害推演效果等得以实时呈现一些高危、高温、高湿等极差的生产环境全面实现机器替人、无人化作业、远程巡检、远程操控，实现城市生产“零损害”。城市规划者便捷地开展数字化设计，城市建设者远程调度资源、监控进度，城市管理者随时随地分析推演决策效果，城市运行效率全面提高，人工投入、物料投入、城市能耗等大幅降低，形成一种更加绿色集约高效的发展模式。

城市生活空间宜居便捷。在数字孪生城市中，城市居民动态可视化了解城市拥堵情况以改变出行计划，不论身处何地，都可以身临其境地体验世界旅游胜地。教师通过虚拟现实技术手段开展物理化学等教学实验。城市居民通过增强现实、虚实互动获取出行导航服务；随时随地便捷地反馈城市问题与需求，并跟进问题整改情况；实时获取城市应急、灾害等预警信息，快速获取救援服务。线上线下体验的差异缩小，医疗、教育等公共服务通过数字孪生城市惠及更多人群。

城市生态环境可持续发展。在数字孪生城市中，城市管理者实时动态了解热岛效应、环境污染、气候变化、能源利用等状况，智能分析资源分配的区域鸿沟，自动化制定资源合理流动与最优化匹配策略（如根据热岛效应快速制定城市绿地面积规划），动态调整与规划基础设施部署密度、信号灯配时、交通状况，使环境承载力得到极大改善，城市资源布局更加合理，城市发展更加可持续。

5. 数字孪生城市具备广阔发展空间

全球数字孪生市场蓬勃发展。据预测，到 2030 年，数字孪生技术的应用将为城市规划、建设、运营节省成本达到 2800 亿美元。在市场规模方面，2020 年全球数字孪生市场规模为 31 亿美元，预计全球数字孪生市场将以 58%的复合年均增长率（CAGR）增长，到 2026 年将达到 482 亿美元，如图 6-2 所示。

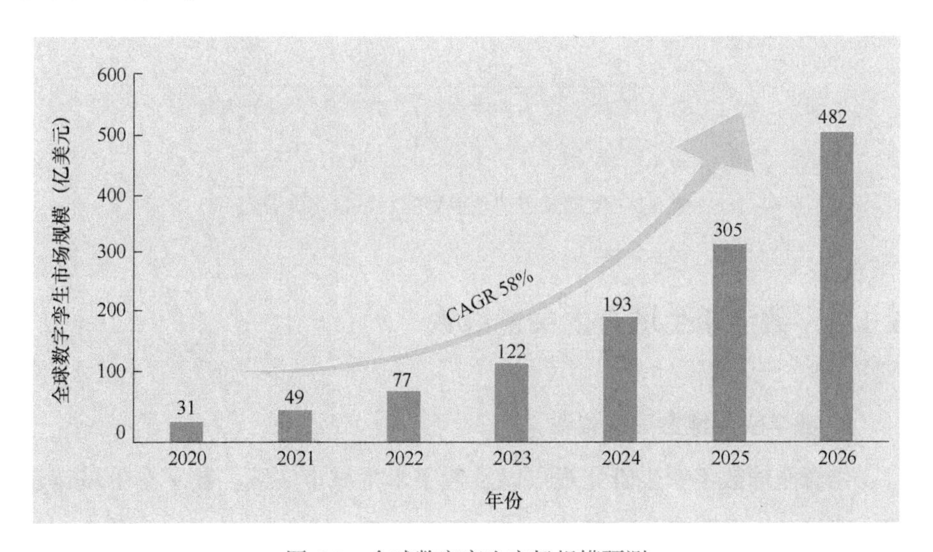

图 6-2　全球数字孪生市场规模预测

我国数字孪生城市建设市场活跃。据统计，2020 年我国新型智慧城市投资总规模约为 2.4 万亿元人民币，特别是近年来我国城市信息模型（CIM）建设项目呈现出逐年快速增长趋势，项目数量从 2018 年的 2 项增长至 2021 年的 72 项（截至 2021 年 9 月），如图 6-3 所示，投资总量也随着项目数量逐年攀升。2021 年 8 月，世界经济论坛与中国信息通信研究院联合征集数字孪生城市案例，据该项目案例统计，千万元人民币级别的投资项目占一半以上，百万元人民币以上级别的投资项目达到 89%，项目平均投资达到 2800 万元人民币。

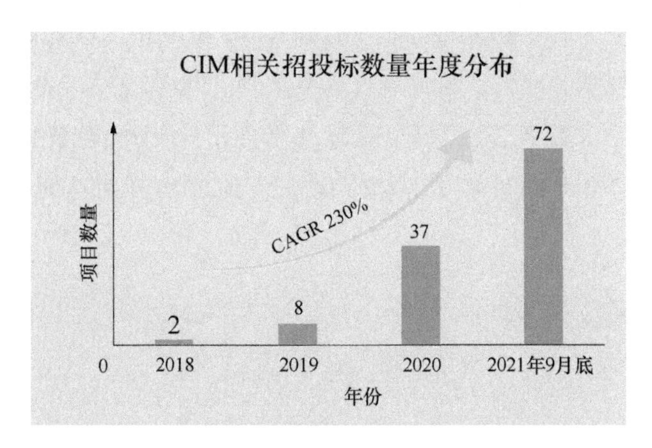

图 6-3　我国城市信息模型项目数量年度分布

6. 1. 2　数字孪生城市的关键要素

1. 数字孪生城市要素架构

结合全球数字孪生研究观点以及数字孪生城市实践，数字孪生城市建设主要涵盖 9 大要素，呈现“ 4+5”要素框架，如图 6-4 与图 6-5 所示，包含 4 大内部要素，即基础设施、数据资源、平台能力、应用场景，以及 5 大外部要素，即战略与机制、利益相关方、资金与商业模式、标准与评估、网络安全。

2. 数字孪生城市内部核心要素

（1） 基础设施

信息基础设施成为数字孪生城市的数据底座。物联感知设施和城市级物联网平台是感知城市运行状况的触手，也为城市部件远程控制提供了入口。数字孪生海量数据汇聚和实时数据处理的需求，向城市云网资源提出

战略与机制
利益相关方
网络安全
平台能力
应用场景
数字孪生
城市
基础设施
数据资源
资金与商业模式
标准与评估

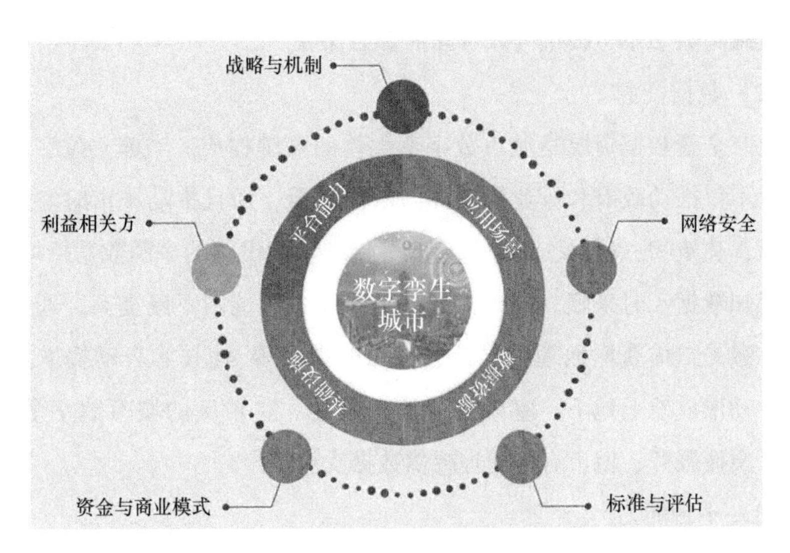

图 6-4　数字孪生城市关键要素架构

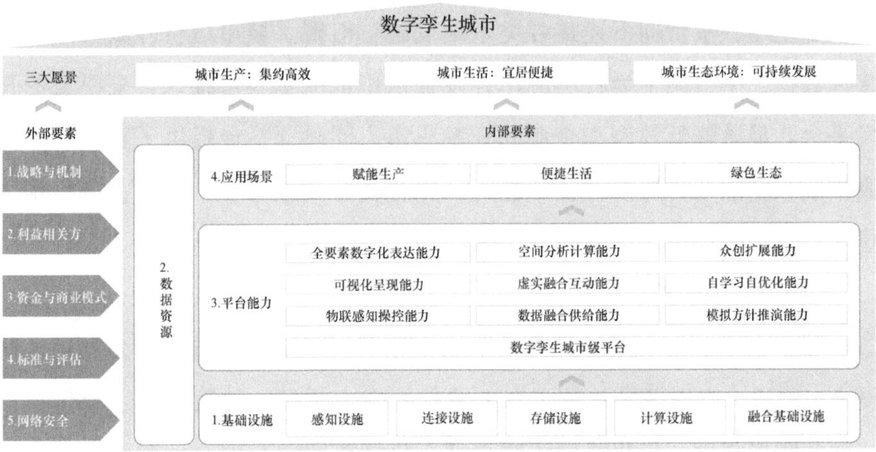

数字孪生城市
三大愿景
城市生产：集约高效
城市生活：宜居便捷
城市生态环境：可持续发展
外部要素
1.战略与机制
2.利益相关方
3.资金与商业模式
4.标准与评估
5.网络安全
内部要素
2.数据资源
4.应用场景
赋能生产
便捷生活
绿色生态
3.平台能力
全要素数字化表达能力
空间分析计算能力
众创扩展能力
可视化呈现能力
虚实融合互动能力
自学习自优化能力
物联感知操控能力
数据融合供给能力
模拟方针推演能力
数字孪生城市级平台
1.基础设施
感知设施
连接设施
存储设施
计算设施
融合基础设施

图 6-5　数字孪生城市要素视图

了更高要求，5G/6G 网络、窄带泛在感知网、全光网络等网络设施为万物互联提供通道，多级数据存储中心、云数据中心满足全域全量数据存储的需要，高性能计算、分布式计算、AI 计算、云计算，以及边缘计算等先进计算设施为数字孪生提供高效可靠的算力保障。

（2）数据资源

全时全量数据资源是城市数字孪生体的关键构成。当前，数字孪生城市建设不仅推动政府和行业管理部门数据汇聚，而且推动城市时空数据逐步打通，建筑物、桥梁、道路、市政等传统基础设施的多源数据持续融合，物联感知数据实时采集。同时，数据采集装备和能力不断提高，通过倾斜摄影、激光扫描获取地理数据，通过深度学习等 AI 技术自动提取三维数据，推动形成地上地下、室内室外的一体化、高精度的城市数字孪生体，为市民便捷服务、城市有序管理提供数据支撑。

（3）平台能力

数字孪生城市建设需要一个城市级平台支撑，为数字孪生城市提供统一对话界面、操作系统和开发土壤。城市级平台是数字孪生城市承上启下的核心枢纽，平台向下连接各类基础设施，汇聚了城市运行、城市部件等多源数据。平台向上为各类应用开发提供了低成本、可接入、全要素的开发平台，显著降低政府和企业的开发成本。同时，平台提供了数字孪生仿真推演、空间运算等多种技术能力，为企业开发数字孪生应用、市民享受虚实融合服务提供多维度能力支撑。

（4）应用场景

数字孪生城市应用已经渗透到城市生产、生活、生态等诸多领域，如图 6-6 所示。应用场景是数字孪生城市的活力之源。如通过数字孪生模拟光照和阴影强度，优化路灯明暗程度，使城市照明在安全性和节能性方面达到平衡，实现宜居低碳；通过数字孪生技术实现能源精细化利用和运维、碳轨迹追踪，助力实现碳中和。同时数字孪生技术可以实现对城市人、地、物的整体感知和推演，帮助城市进行全面系统、合理预判的规划设计，避免“拆了建”“建了拆”，实现“一张蓝图建到底”。

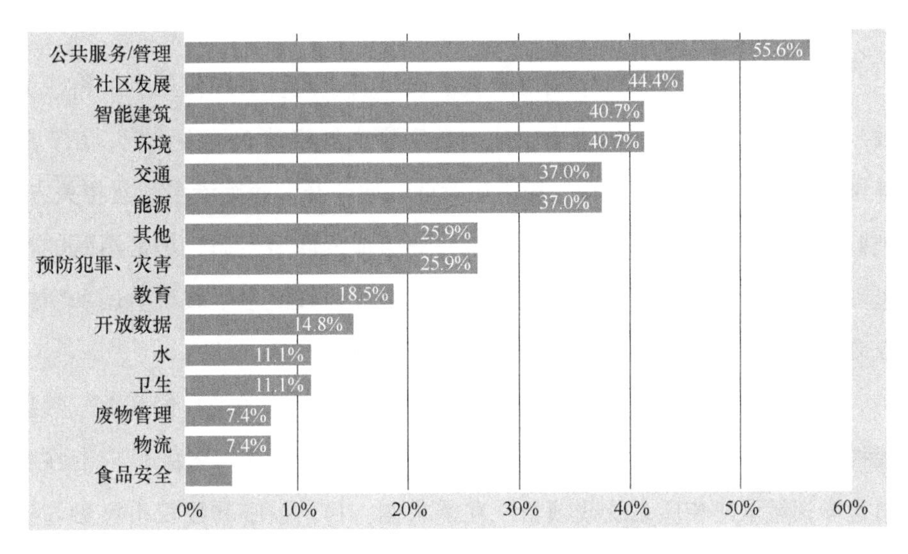

图 6-6　数字孪生城市项目中应用占比情况

6.1.3　数字孪生城市外部支撑要素

战略与机制、利益相关方、资金与商业模式、标准与评估、网络安全是数字孪生城市的 5 大外部要素，为数字孪生城市提供良好环境和外部支撑。

（1）战略与机制

战略与机制的制定将优化数字孪生城市的政策环境，推动数字孪生城市规范、有序、健康发展。

战略与机制主要包含国家、区域、城市等不同层级的信息化战略、规划、实施方案、行动计划，促进数字孪生相关产业发展的治理原则、伦理规范等。截至 2021 年 6 月底，中国等主要经济体均出台国家政策，推动数字孪生技术研究、建设和应用；我国上海、浙江等多个城市和省份出台相关政策探索建设数字孪生城市。

（2）利益相关方

利益相关方是数字孪生城市重要的设计者、建设者和使用者，将成为数字孪生城市生态系统的重要组成。数字孪生城市涉及地方政府、ICT服务供应商、市民、监管机构、城市运营商、地产开发商等诸多利益相关方。利益相关方之间的信任机制、众多供应商组成的联盟生态、丰富活跃的市民参与机制、长效发展的城市运营商机制将成为数字孪生城市协调和团结众多利益相关方的关键。

在供给侧，政府和企业之间通过信任机制，实现场景数据开放、数据授权运营等；倡导企业建立数字孪生产业联盟或共同体，各家供应商在各自优势领域承建相应系统或项目。在需求侧，目前鼓励和授权市民参与程度仍然不足，未来应倡导数字孪生城市项目设立市民参与模块或系统，促使项目建设更加民主、更加包容和更具张力。

（3）资金与商业模式

资金与商业模式是提升数字孪生城市项目资源配置优化、提升建设运营成效的关键手段，也是影响数字孪生效能发挥的重要原因。

目前数字孪生城市的主要资金来源仍是政府采购。从现状来看，66.7%的项目由政府投资建设，主要运营模式为政企合作，即政府投资、提供公用基础设施，企业进行虚拟城市构建，建成后政府以此来进行预判和决策，服务于地区百姓；33.3%的项目为企业投资或企业与政府共建。

目前，我国、新加坡等国的供应商积极推动将数字孪生模型作为云服务发布，持续挖掘人机互动、增强现实等增值服务，推动数字孪生城市形成风险共担、利益共享的发展格局。未来数字孪生城市商业化模式将不断拓展，数字孪生平台可以为地产商、园区管理方等企业提供高精度的开发环境，降低开发成本，缩短开发周期。同时，数字孪生平台为各行业厂商、研究机构提供数字化试验空间，为模拟仿真推演提供便利；平台可以实现远程访问、7×24h接入，形成多方共建共享的协作平台。

（4）标准与评估

标准与评估是数字孪生城市建设遵循的标准规范，也是数字孪生城市项目运营评价的重要参考。

在数字孪生标准体系方面，我国得到国际标准组织关注。我国数字孪生城市标准化工作已正式起步。全国信息技术标准化技术委员会、中国数字孪生体联盟、中国互联网协会数字孪生技术应用工作委员会、中国信息通信研究院等机构，结合自身业务特征和数字孪生的应用，纷纷提出了基于应用场景的数字孪生技术及标准化工作目标。北京航空航天大学、山东大学等18家高校和科研院所积极开展数字孪生标准体系研究。

在项目评估方面，数字孪生城市项目尚未形成统一的验收标准及运营评价体系。各项目验收、测试、试运行、运营的评价标准均不统一，用户判断项目完成度和建设效果面临一定的风险和困难。未来仍需建立数字孪生城市项目成熟度评价体系和评估方法。

（5）网络安全

数字孪生城市建设覆盖云、网、端整个技术生态体系，数据汇聚、用户规模达到前所未有的高度，网络安全的重要性更加突出。在技术应用方面，数字孪生融合应用多项前沿技术，如人工智能、区块链、物联网等，安全成熟度还不够。在数据汇聚方面，数字孪生数据点多面广、集中程度高，数据安全保护、个人隐私保护面临挑战。在数字孪生城市的建设过程中，要坚持安全和发展双轮驱动，将数据安全理念贯穿到规划、建设、运营、维护和使用的各个环节。

6.1.4　数字孪生城市面临的挑战

城市在满足城市人口的住房、基础设施、交通和能源需求方面面临巨大挑战，迫切需要新的想法和解决方案。

1. 科学认识与价值认知的挑战

产业和社会缺乏对数字孪生城市客观理性的认识。数字孪生城市尚处于探索阶段，其整体成熟度、技术综合性、理论创新性等依然处于发展演进过程中。如果依赖单一技术视角，容易形成类似盲人摸象的片面理解。例如，过度倚重城市的立体化三维建模、对城市部件的可视化呈现，而同等重要甚至更能凸显数字孪生特性的模拟仿真推演、虚实融合互动等未能得到相应重视，数字孪生城市出现“跛脚”发展的现象。

依赖可视化建模而忽略仿真推演与优化现实的最终价值。数字孪生城市的发展与成熟，不仅由供给决定，更要关注本质需求。部分城市在推进数字孪生城市建设中，过于注重通过高精尖技术对“一山一石”“一城一景”的精细化复现，缺乏对应用需求与目标的深入分析，导致数字孪生技术城市规划、建设、管理、服务等业务脱节，造成数字孪生技术沦为华而不实的“花瓶”。短期内，城市影像逼真呈现对城市名片打造具有一定的现实意义，但中长期看，随着技术演进和投入持续增加，这种认知模式无法挖掘并释放数字孪生城市把控时空、精细管控的核心价值。

2. 数据治理与隐私安全的挑战

城市物联感知数据采集有限，造成应用深度不足。数据的采集能力参差不齐，底层关键数据无法得到有效感知，多维度、多尺度数据采集不一致，尤其 IoT 等物联感知设施建设不均衡，将导致数字孪生城市发展呈现事前模型居多、模拟演示居多、虚拟仿真居多，而在实时动态感知、城市空间尺度孪生互动的应用上深度不够。

城市多源异构数据规范化治理不足。目前由于数字孪生城市正处于探索期，标准规范滞后于产业界实践。数字孪生城市缺乏规范，更多依赖各厂商解决方案，系统互联互通性很差，没有相对统一的技术架构共识和数据加入标准，较难实现多元异构数据的集成、融合和统一处理，进而造成数据质量不高、治理效能不足等弊端。

海量数据集中化处理导致数据安全和隐私泄露风险加大。数据来源点多面广，数据存储与处理高度集中于城市智能中枢等中心化机构，可能在黑客入侵、安全攻击等网络风险下导致城市运行陷入瘫痪。此外，数字孪生城市很多视频数据采集、轨迹分析等涉及部分公民隐私，如果不能有效匿名化处理，设立合理权限管控数据，容易造成个人隐私滥用。

3. 支撑资源与商业可持续挑战

复合型人力资源不足。要准确完整理解数字孪生城市，认识并挖掘其实践路径和发展潜力，亟待综合城市管理、需求分析、数字技术、算法模型等多方人才和团队，研究提炼科学理论问题，联合攻关共同发掘孪生虚实互动规律。目前，数字孪生城市主要以 IT、测绘等专业从业者为主，对模型算法、业务分析等领域的复合人才需求量大，但人才队伍支撑不足。

城市内行业算法模型资源欠缺。数字孪生城市涉及多维多行业系统，在数据、模型和交互各环节，急需行业领域的专业知识库和行业模型。目前除交通、建筑等领域有相对成熟的模型库外，很多城市治理领域缺乏互联互通的基础知识库和行业仿真模型，对数字孪生的深化发展形成一定的障碍。

商业模式过度依赖政府投入。数字孪生城市高昂的研究投入难以转化为实际应用收益，因此，政府成为数字孪生技术发展的主要资金来源。待数字孪生技术体系化成熟时，亟待吸引更大范畴的市民、机构等市场主体参与，创新数字孪生城市商业模式，形成风险共担、利益共享的发展格局。

6.2　未来城市与超能交通

移动通信网络是构建智慧社会的重要基础设施。2030 年之后，移动通信网络是一个融合陆基、空基、天基和海基的“泛在覆盖”通信网络，不仅能极大地提升网络性能以支撑基础设施智能化，更能极大地延展公共服务覆盖面，缩小不同地区的数字鸿沟，切实提升社会治理精细化水平，从而为构建智慧泛在的美好社会打下坚实基础。

面向未来，数字化、协同化、智慧化的交通网络还将继续推动交通领域的深度变革，以数据衔接出行需求与服务资源，使交通出行成为一种按需获取的即时服务。无论身处都市、深山还是高空，“海陆空-太空”多模态交通工具将助力实现点对点、门到门的交通出行，让人们体验到优质网络性能及其带来的立体交通服务，促进购物消费、休闲娱乐、公务商务等新业态新模式的全面升级和相互渗透，为人们带来全新的出行体验。2019年，中共中央、国务院印发的《交通强国建设纲要》（以下简称“纲要”）指出，到2035年，我国基本建成交通强国，基本形成现代化综合立体交通体系，智能、平安、绿色、共享交通发展水平明显提高，城市交通拥堵基本缓解，无障碍出行服务体系基本完善。2030年后，交通关键装备将更加先进安全，新型交通工具有望实现重大突破，全自动驾驶（L5级）、高速磁悬浮、低真空管（隧）道高速列车等成为主流地面出行交通工具未来，超能交通多层次多资源的“融会贯通”将持续赋能人类互联美好生活，移动办公、家庭互联、娱乐生活之间将得以“随心切换”。多维护航的可信交通环境，让交通管理者实现足不出户的交通状况“全息感知”与“运筹帷幄”，让交通环境使用者对交通运行动态“实时感知、提前预知”，享用高效、绿色、安全的出行。此外，依托强大的通信网络，超能交通还将助力物流、信息流、资金流融合，为城市运力资源的动态平衡、城市经济的可持续发展增添强劲动力。

6.3 普智教育、精准医疗与虚拟畅游

基于5G的高速率、大连接、高可靠、低时延等特性，5G网络开始提供智慧医疗、远程教育等一系列公共服务，初步改善了城市与乡村医疗资源覆盖不均衡的现象，促进了优质教育资源的共享，如图6-7所示。然而，为全面实现2030年后公共服务的普惠化，达到“解放自我”的终极目标，需要利用“泛在覆盖”通信网络补盲和延伸地面网络特性，满足偏远地区或地理隔离区域（如海岛、民航客机、远洋船舶）的网络覆盖需求，全面推动教育、医疗、文化、旅游等公共服务的发展。在基于“泛在覆盖”的6G网络中，精准医疗将进一步延伸其应用区域，帮助更广泛范围的人们构建起与之相应的个性化“数字人”，并在人类的重大疾病风险预测、早期筛查、靶向治疗等方面发挥重要作用，实现医疗健康服务由“以治疗为主”向“以预防为主”的转化。利用全息交互技术与网络中泛在的AI算力，6G时代的普智教育不仅能够实现多人远距离实时交互授课，还可以实现一对一智能化因材施教；数字孪生技术将实现教育方式的个性化和教育手段的智慧化，它可以结合每个个体的特点和差异，实现教育的定制化。“泛在

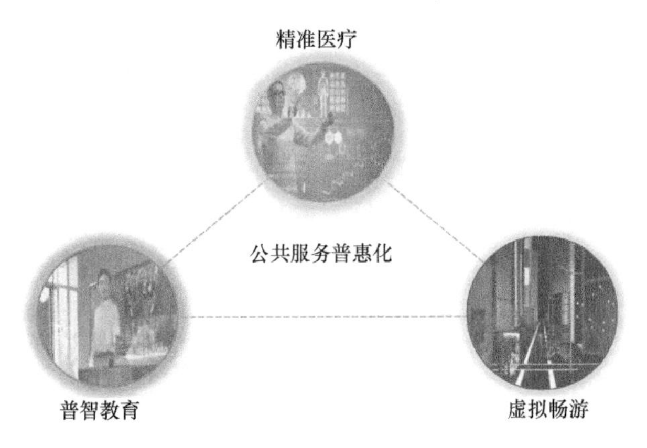

图6-7 公共服务普惠化

覆盖”通信网络还将结合文化、旅游产业发力增效，通过全方位覆盖的全息信息交互，人们可以随时随地共同沉浸到虚拟世界，可入云端观险峰，可入五洋览湍流。

6.4 即时抢险与“无人区”探测

5G 与 IoT 技术的结合，可以支持诸如热点区域安全监控和智慧城市管理等社会治理服务。到 2030 年后，“泛在覆盖”将成为网络的主要形式，完成在深山、深海、沙漠等“无人区”的网络部署，实现空天地海全域覆盖，推动社会治理便捷化、精细化与智能化。依托其覆盖范围广、灵活部署、超低功耗、超高精度和不易受地面灾害影响等特点，“泛在覆盖”通信网络在即时抢险、“无人区”探测等社会治理领域应用前景广阔。例如通过“泛在覆盖”和“数字孪生”技术实现“虚拟数字大楼”的构建，可迅速制定出火灾等灾害发生时的最佳救灾和人员逃生方案；通过“无人区”的实时探测，可以实现诸如台风预警、洪水预警和沙尘暴预警等功能，提前为灾害防范预留时间，如图 6-8 所示。

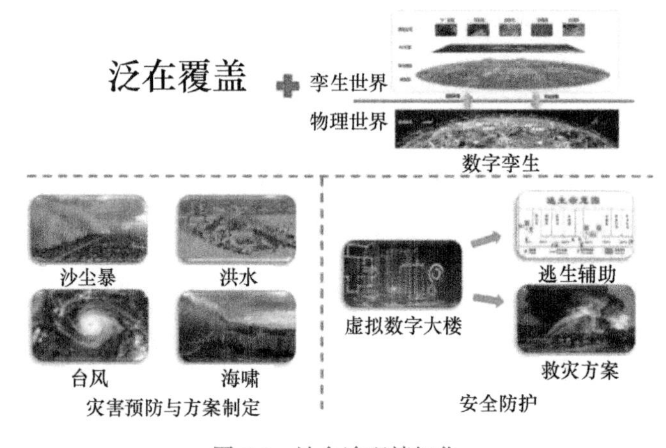

图 6-8 社会治理精细化

6.5　实时感知的智慧医疗应用场景

我国的医疗行业，医疗资源分布不均与跨地域就诊难一直是一大顽疾。目前我国三级医院有 3000 余家，而将近一半集中于东部地区。医疗资源无法均质化，导致大医院人满为患、基层医疗卫生机构门可罗雀。

2019 年，全国首例 AI+5G 远程心脏腔镜手术取得成功。在 5G、VR、MR 等技术的加持下，广东省湛江市高州医院的手术画面实时超高清传送至广东省人民医院会场大屏幕，会场内的微创心脏外科专家“隔空”指导远在 400km 以外的手术团队，共同完成了心脏腔镜手术。

病人省去了前往省城的大量费用和时间，同时也意味着医疗行业在提升医疗服务水平、缓解医疗资源紧张等方面有望得到改善。未来，数字化、智能化将与医疗场景加快融合，医疗的改变将发生在每一个角落。

在北京协和医院，市民只需手持一部手机就能完成就诊全流程。从诊前、诊中、诊后，都可通过手机来完成，“指尖医疗”成为现实；“零接触式”智慧药房由“智能大脑”管理，提升药品调配效率；智慧病房系统对患者全病程管理，患者和医护人员都能享受到便捷和智能服务。

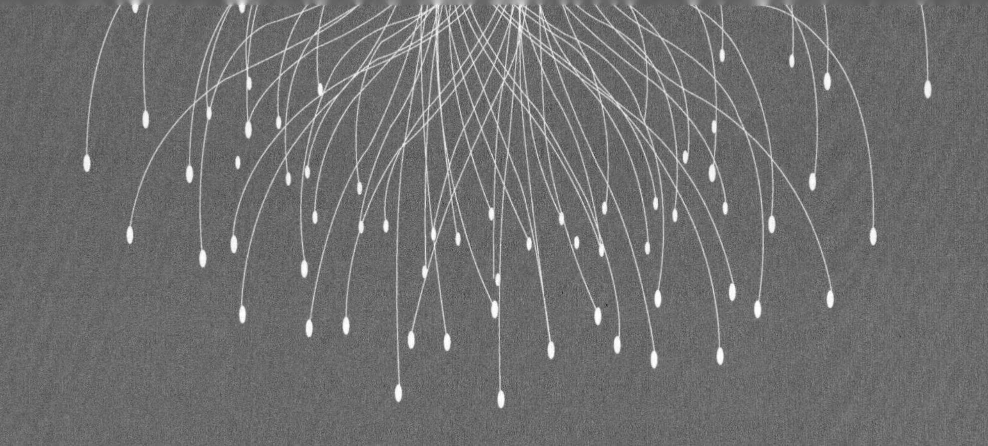

第7章

6G发展的产业协作与生态建设

7.1 5G 与 6G 发展的关系

全球移动通信历经 1G 到 4G 的跨越式发展，已进入 5G 商用的关键阶段。回顾移动通信发展历程，新业务应用由出现到成熟往往需要两代周期来培育，1G 实现了语音业务，在 2G 获得了广泛应用，3G 开始支持移动多媒体业务，到 4G 时代移动互联网业务得到了蓬勃发展，5G 应用场景首次由移动互联网拓展到物联网领域，将实现与垂直行业的深度融合，开启了工业互联网新时代。

7.1.1 5G 是 6G 发展的地基

在信息消费极大增长和生产效率不断提升的需求驱动下，以及在先进的感知技术、人工智能、通信技术、新材料和新器件的使能下，将衍生出更高层次的移动通信新需求，推动 5G 向 6G 演进和发展。6G 将在 5G 基础上进一步拓展和深化物联网的应用范围和领域，持续提升现有网络的基础能力，并不断发掘新的业务应用，服务于智能化社会和生活，实现由万物互联到万物智联的跃迁。5G 的成功商用，特别是在垂直行业领域的广泛应用，将为 6G 发展奠定良好基础。预计 3GPP 国际标准组织将于 2025 年后启动 6G 国际技术标准研制，大约在 2030 年实现 6G 商用。

从应用角度看，5G 开启了“无线通信将以前所未有的深度和广度融入千行百业的”序幕。5GAA（5G 汽车联盟）、5G-ACIA（5G 互联与自动化联盟）等由移动通信行业与垂直行业联合成立的组织，一方面使 5G 被定义得能够适应这些垂直行业的独特需求；另一方面，随着商用化的进程，也激发出越来越多 5G 不能满足的创新需求，由此催生的 5.5G 将能够持续增强，但无疑又将激发出更多新的、需要 6G 来满足的创新需求。洞见这些创新需求对 6G 至关重要，这意味着要让垂直行业以同样前所未有的深度和广度融入 6G 的定义工作中来。经过数十年的迭代发展，5G 技术在满足和创造消费者需求方面已经达到了相当高的水平，5.5G 将进一步把 5G 核心技术的能力发挥到极致。未来几年，5.5G 定义与部署以及 6G 的研究与定义将同时进行，6G 能否实现超越、超越多少，考验的将是整个产业界的想象力和创造力。

从技术角度看，每一代移动通信技术从来都不是孤立存在的，而是需要借鉴、吸收并与同时代的技术协同发展。走到今天，移动通信无疑是相当成功的，但我们也不要忘记曾经走过的弯路，3G 对传输技术的选择经历了先 ATM 后转向 IP 的周折，4G 时代对于 IT 和 CT 的融合给予了很大的期待，同样的期待一直延续到 5G 时代，但至今尚未达到预期，产业界还在不断探索。6G 面临的技术环境更加复杂，云计算、大数据、人工智能、区块链、边缘计算、异构计算、内生安全等都将带来影响。6G 能否做出科学的选择，借鉴该借鉴的，吸收该吸收的，让 6G 因为这些多样化的技术变得更有价值，而不要只是变得更复杂、更臃肿，需要整个 ICT 产业界本着科学的精神，持续广泛和深入探讨，考验的将是整个产业界的预见力和决断力。

从产业角度看，6G 从研究阶段开始，就不得不面对复杂的宏观环境。

经过 40 多年从 1G 到 5G 的发展，移动通信产业已经相对成熟，早已不再是快速增长的行业，深化合作的规模效应比以往任何时候都更加重要，但一些不利因素正在给产业合作带来障碍和挑战。更大的创新是移动通信产业突破发展瓶颈的必由之路，而与此同时，整个社会对技术伦理的关注已上升到前所未有的程度，只有在两者间取得平衡，移动通信才能更好地造福人类社会。移动通信早已成为人们日常生活和工作不可或缺的组成部分，产业界今天的选择将影响未来 10~20 年发展道路。应对好这些挑战，让移动通信产业得以持续健康发展，让人们能够持续享受移动通信带来的便利，考验的是整个产业界的使命感与智慧。

7.1.2　由 5G 迈入 6G 时代的网络发展趋势

数字基础设施在提供关键的社会、经济和政府职能方面发挥的关键作用更加清晰。现在，商业和社会都高度意识到可用性、可靠性、可负担性和可持续性是数字基础设施的重要方面，必须在短期和长期内加以确保。与此同时，网络物理融合正在加速，凸显出需要先进的网络技术来支持模糊物理和数字现实之间界限的用例。

如果没有移动和固定通信基础设施的现有能力，就不可能在大流行期间加快数字化的采用率。对于企业，尤其是那些已经转向云服务的企业，5G 提供了更高的性能、边缘计算、内置物联网优化、工作流自动化和基于服务水平协议的 QoS 的网络切片。在 5G 中已经可以看到对物理世界和数字世界融合的更高级用例的渴望，并且在 6G 的发展中将更加明显。例如，感官互联网（IoS）将增强我们超越身体界限的感官。该网络将为这些用例提供经济高效且值得信赖的解决方案。

增加对云技术的依赖将是必不可少的。许多网络运营商已经开始在其网络中采用云原生技术——例如使用具有开放分层架构的云原生独立核心和云 RAN。该领域的未来发展取决于高性能数字基础设施功能的存在，以确保开放、可互操作、可信赖、安全、高效自动化的物理世界。除了公开传统通信服务外，该网络还将提供新功能，例如多感官数字表示，包括上下文感知和可观察性，以支持用户的洞察力和推理能力。

数字基础设施发展的基本原则将是技术和业务接口的开放性，保证开放的市场。这种开放性将有助于数字基础设施内部和之上的自主创新，为未来的商业平台提供支持。生态系统将通过商业驱动的投资、强大的合作伙伴关系和数字基础设施的开放性来发展。

1. 网络现实的数字表示

借助 5G，我们已经使物理世界和数字世界融合为增强现实，满足人类和机器的通信需求。由于人类和物理对象只能在本地环境中体验物理世界，因此传感器、执行器和网络的本地存在是一个关键的推动因素。物理世界和数字世界的融合是通过人类和物理对象及其环境的多感官数字表示实现的。

来自嵌入式传感器和执行器的数据实现了环境和物理资产的数字化可观察性。未来的网络将提供对来自传感器的数十亿个不同数据流的处理，并为应用做好准备。准备工作将处理数据流的聚合、过滤和融合。为了进一步提高可观察性，网络将生成身份、定位、时间戳和空间映射信息等感官数据。虽然 5G 支持基本功能，但 6G 将在这些领域提供增强功能。以下功能和能力对未来网络平台的发展最为关键。

(1) 网络感知渲染和同步

某些用例需要上限保证端到端时延。由于网络是上下文感知的，从空间映射和动态对象处理的能力来看，渲染算法提供了优化用户体验质量所需的动态时延和控制。优化包括物理环境中所有感官模式和数字对象之间的同步。

（2）协作上下文意识和可观察性

互联智能机器依靠上下文感知和可观察性与附近的其他机器相关联并与之合作。例如包括物理轨迹、意图和能力的注册和跟踪。该网络将通过上下文信息的上下文结构为智能机器提供服务，包括对此类上下文信息的实时处理。因此，上下文结构向协作机器提供有关其角色和能力，以及上下文数据经过验证的信息。

（3）机器和设备之间的互操作性

连接的智能机器和设备之间的多样性导致语义描述和信息格式的异构，因此它们之间需要中介和互操作性。机器和设备之间通信的优化需要句法和语义的互操作性，以及不同协议和模型之间的可编程性。网络通信堆栈将为此提供支持，从而减轻互操作性问题。

（4）实时定位

物理和逻辑位置以及时间观察对于将数字表示与物理世界相关联至关重要，从而产生数字上下文意识。这种上下文感知数据需要以统一和标准化的格式呈现，以实现跨平台使用。

一个关键的网络功能是通过在动态环境中实时定位物理对象来协调安全、协作的自主操作。该网络还提供对象及其相关数据的安全识别和认证，以实现完整性和隐私性。考虑到法规、政策和角色，可以实现对物理对象的安全控制和驱动。这些网络能力将成为可信赖的网络物理世界基础的关键推动因素。

（5）空间映射

空间地图是通过收集和融合来自所有联网设备的传感器数据创建的，例如相机、激光雷达、雷达、陀螺仪、加速度计、水平传感器和压力传感器。这些网络生成的地图用于将数字对象正确定位到物理环境，从而实现多用户交互。此网络功能将处理相关的空间映射，以减少IoS设备的外形尺寸、功耗和成本。空间地图最初将侧重于视觉表现，随着时间的推移，将扩展到空间的听觉、触觉、嗅觉和味觉。

（6）动态对象处理

基于空间地图，网络将执行动态对象处理和实时跟踪，以融合物理环境和数字内容。动态对象处理对于高分辨率空间图中的高级遮挡、取消遮挡和移动对象的连续更新尤为重要。例如，在消防救援行动中，气味和温度的未遮挡可用于定位被困人员。其他功能包括收集空间数据，以生成个性化用户体验和启用上下文感知通信的能力。

（7）嵌入式数据处理和扩充

未来网络的一项基本功能是轻量级普及数据处理结构，提供正确的数据管道和计算特性。由于互联的智能机器、设备和传感器将产生海量数据和信息流，网络将为数据准备、元数据提取和注释提供充分的处理。此外，还将提供网络内流处理，例如事件检测、过滤、推理和学习以及传感器融合。这种网络内流处理将由嵌入在网络中的专用硬件加速支持。数据格式和新的压缩算法将针对机器的需求进行优化，而不是为了人类的消费和处理。

除了上述网络功能和能力，大规模实现网络现实的数字表示还需要跨设备、边缘、网络和云的数字基础设施的端到端解决方案。由于数字表示可能包含敏感信息，因此协作空间地图的标准化、可互操作和安全使用是建立信任的先决条件，使其成为从生态系统协作和创新中受益的一个很好的例子。我们将在全球生态系统中促进开放和密切协作，以形成未来的创新商业平台。

四个关键领域的技术进步对于未来网络支持物理世界和数字世界的融合至关重要，即无限连接、可信系统、认知网络和网络计算结构。

（8）关键用例

三个关键用例正在推动网络现实：数字化和可编程的物理世界、感官互联网和互联智能机器。

1）数字化和可编程的物理世界。

未来，每个物理对象包括智能机器、人类及其环境，都将由数字表示，物理世界将完全可编程和自动化。数字表示将单独和集体管理、处理数据，以进行与物理世界相关的预测和规划。产生的洞察力将通过编排、驱动和重新编程影响物理世界。

2）感官互联网。

IoS 可以将多感官数字体验与本地环境相融合，并与人、设备和机器人进行远程交互。实现接近物理世界体验的数字感官体验的基本组件是视觉、听觉、触觉、嗅觉（嗅觉）、味觉传感和驱动技术。

3）互联智能机器。

互联智能机器是在数字和物理领域中操作和执行任务的物理对象和软件代理。它们以协作和聚合结构连接到应用程序、用户和彼此。随着协作能力的进步，对通信能力和功能能力的需求呈指数级增长，并会产生新的数字化和多样化的交互模式。此外，互联的智能机器将越来越依赖于对其运行的物理和数字环境的感知。

2. 适应性无限的连接

6G 接入的主要目标之一是提供适应性强的无限连接，以确保敏捷、稳健和有弹性的网络发展。用户和应用程序应该随时随地专注于手头的任务，而网络应该能够适应和支持他们的需求。多供应商接口将确保网络和整个生态系统的开放性，同时最大限度地降低系统复杂性。

（1）网络适应性

确保动态和灵活站点部署的解决方案对于未来的高容量、弹性网络至关重要。不同类型的节点，包括临时节点和非地面节点，将无缝集成。对于覆盖范围有限的较小站点，网络拓扑将随着多跳路由功能的发展而发展，从而实现经济高效的网络密集化。

高性能、灵活、可扩展和可靠的传输将允许整个网络的异构部署场景。例如，它将简化分布式和集中式无线电接入，以及公共和非公共网络的集成。为了保持传输网络的灵活性和可管理性，人工智能驱动的可编程性将用于闭环自动化和多服务虚拟化。

（2）设备和网络可编程性

设备将变得更加面向未来，并能够通过可编程性利用更先进的网络功能。设备可编程性将包括可下载的软件堆栈和可配置的 AI 模型。同时，可编程网络功能将支持新的设备功能，从而优化针对特定用例的单个设备定制，以及更快的功能开发和上市时间。

（3）端到端的可用性和弹性

为满足可用性和弹性要求，网络将得到简化，减少以节点为中心的部署以及无线接入和核心之间的功能分离。标准化的多供应商接口将确保生态系统的开放性，同时最大限度地降低复杂性。

网络和应用程序将协作，以确保端到端性能，并为不同应用程序提供最合适的服务。弹性机制和端到端传输协议是支持与应用程序协作的功能的好例子。这些端到端支持功能将随着应用程序的需求和要求而发展，例如可以处理多路径通信和智能拥塞控制的传输协议。为了支持上限时延应用程序要求，网络将提供具有低时延变化的可预测时延。

3. 可信赖系统的完整性

6G 网络将支持数万亿个可嵌入设备，并提供值得信赖、始终可用的连接以及端到端保证，以缓解扩大的威胁空间。该网络的一个基本特征是通过管理和验证对安全性、弹性和隐私要求的合规性提供安全服务。人工智能技术的自动化将用于开发、部署和运营的整个产品生命周期。人工智能技术还将用于自动根本原因分析、威胁检测和对攻击以及无意干扰的响应。

这些技术还将提高服务可用性。

（1）机密计算

安全的云和边缘系统对虚拟执行环境中敏感代码和数据的执行有严格的保护要求。可信赖的机密计算功能将使用加密和密码完整性保护提供隔离的执行环境。这将需要用户提供专门的硬件和远程证明，以验证他们的应用程序是否在真正且配置正确的硬件上执行，从而实现硬件信任根据和虚拟执行环境的安全引导。

允许用户直接对加密数据执行计算的同态加密，以及保护参与方之间数据隐私的多方机密计算等不断发展的技术将变得可用。

在云端和边缘执行处理时，机密计算技术也可用于克服隐私问题。

（2）安全的身份和协议

该网络将为高度动态和分布式虚拟化环境中的身份安全提供信任根据。安全身份构成了身份管理和隐私保护协议栈增强的基线，这将使整个网络以及所有连接的物理对象和软件代理的监控、合规性验证成为可能。

（3）零信任架构

零信任架构是促进安全访问仅限于授权和批准的客户端的网络资源的基础。零信任是一种以身份为中心的方法，通过它在运行时执行动态策略授权。

（4）服务可用性保证

服务可用性始于确保硬件和软件组件的完整性和可靠性，以及每个服务在操作环境中与分配的网络资源的行为的一致性。例如无线电接入中系统容量和性能之间的权衡，以减轻环境和流量变化对关键服务的影响。

用于数据驱动操作和实时策略管理的预测分析框架将提供实时复合指标，以确保服务可用性并告知关键服务有关功能安全风险的信息。除了网络指标，用户还可以分享他们的意图，以进一步提高他们的服务可用性。

4. 联合认知网络

继续沿着 5G 网络自动化之路，未来的网络将通过观察和自主行动来优化其性能，从而变得具有认知性。认知 6G 网络将实现网络管理和配置任务的完全自动化，允许运维人员对网络进行监督。

一组分布式意图管理器将嵌入网络中。每个意图管理器由指定期望（包括需求、目标和约束）的意图控制。意图管理器包括观察受控环境并从获取的数据中得出结论的认知功能。这意味着一个推理过程，其目的是采取行动来实现意图的期望。人类将表达控制网络的意图。

认知功能使用 AI 功能从原始数据中得出结论。此类功能的示例包括可以产生洞察力和机器推理能力，以执行意图的机器学习模型。进一步的机器推理和多智能体强化学习技术是实现协作闭环功能的候选技术。

值得信赖的 AI 确保网络建立透明度，以便人类可以理解为什么要采取某些行动或为什么不能满足某些条件。实现可信赖 AI 的一项技术是可解释 AI，该方法旨在对 AI 结果及其背后的基本原理提供易于理解的解释。认知功能的实现是由包含高效和安全数据获取的底层数据驱动架构实现的。意图管理器的一个重要部分是知识库，这是认知功能知识所在的地方。

5. 统一的网络计算结构

互联网、电信、媒体和信息技术的融合将导致创建一个统一的、全球互联的组件系统。网络计算结构有助于跨生态系统、应用程序管理、执行环境，以及网络和计算能力的统一。6G 将充当网络的控制器，涵盖从简单设备到高级网络物理系统的应用。同时，6G 将整合存储、计算和通信，打造分布式统一网络计算架构。这种结构将使服务提供商能够访问可提供给开放市场的连接之外的工具和服务。

未来的用例，如 IoS 和互联智能机器，将高度分布式，要求保证低确定性时延、高吞吐量和高可靠性。该网络将通过一个嵌入式、统一的执行环境来补充连接产品，该环境托管和管理这些类型的用例。硬件和软件加速、时间敏感的通信技术（例如时间敏感的网络和超可靠的低时延通信）以及时间感知功能将确保端到端的时间和可靠性。

考虑到数十亿传感器和执行器数据流，网络内流处理将由可互操作的应用程序编程接口提供的确定性计算能力提供。结合数据来源、元数据提取和注释等信息的准备，将提供轻量级普适数据管道和计算结构。此外，该网络将以无服务器的方式提供应用程序部署、扩展和资源分配，以支持未来所有可能的传感器和执行器。

这种计算结构将围绕一个联合生态系统发展，该生态系统涉及空中接口、互联网、云服务、设备的参与者和用户。生态系统的规模将需要广泛使用生态系统参与者之间的双边协议。网络计算结构将为虚拟服务提供去中心化和无代理的交换，包括身份和关系处理。

5G 和 6G 支持的数字基础设施在新兴的网络物理融合方面发挥着至关重要的作用，尤其是在其达到大规模的能力方面。嵌入在网络中的高级功能和特性，例如全实时空间映射和上下文感知用户数据，将成为下一波数字化转型的基础。由此产生的互联物理对象和软件代理的全球系统将使来自不同领域的实体集成。

数字基础设施将使所有数字化解决方案不断优化，造福社会和企业，不仅不断提高效率和舒适度，而且最大限度地减少对环境的影响。考虑到所有这些，预计未来几年数字化解决方案将出现前所未有的增长，涵盖几乎所有商业和工业领域，以及消费者和公共领域。数字基础设施将为全球范围内的所有企业和行业提供新的收入来源。

然而要注意，开发使人、机器和软件代理之间能够进行智力交流的能力所需的创新，需要整个生态系统中的新形式的协作。因此，要充分发挥这种网络现实的潜力，就需要供应商、行业和社会之间建立新的协作框架，以确保公平、可信和互操作性。6G 为创新提供了广阔的平台，非常适合成为社会的信息支柱。

7.2 6G 频谱资源规划

频谱资源是移动通信发展的基础，6G 将持续开发优质的可利用频谱，在对现有频谱资源高效利用的基础上，进一步向毫米波、太赫兹、可见光等更高频段扩展，通过对不同频段频谱资源的综合高效利用来满足 6G 不同层次的发展需求。

7.2.1 高效利用低中高全频谱资源

6GHz 及其以下频段的新频谱仍然是 6G 发展的战略性资源，通过重耕、聚合、共享等手段，进一步提升频谱使用效率，将为 6G 提供最基本的地面连续覆盖，支持 6G 实现快速、低成本网络部署。

高频段将满足 6G 对超高速率、超大容量的频谱需求。随着产业的不断发展和成熟，毫米波频段在 6G 时代将发挥更大作用，其性能和使用效率将大幅提升。太赫兹、可见光等更高频段，受传播特性限制，将重点满足特定场景的短距离大容量需求，这些高频段也将在感知通信一体化、人体域连接等场景发挥重要作用。

7.2.2 低频段频谱将成为战略性资源

未来 6G 网络仍将以地面蜂窝网络为基础，卫星、无人机、空中平台等多种非地面通信在实现空天地海一体化无缝覆盖方面发挥重要作用。

低频段频谱仍将是 6G 发展的战略性资源，毫米波将在 6G 时代发挥更重要的作用，而太赫兹等更高频段将重点满足特定场景的短距离大容量需求。

星链是马斯克 SpaceX 公司的宽带卫星互联网计划。该计划将初步发射 12000 颗卫星，并在太空中布局一个大型的人造卫星星座，为全球每一个角落的卫星接收器提供高速互联网连接。2018 年，马斯克的星链通过美国联邦通信委员会（FCC）批准，获批发射 11943 颗互联网卫星。2019 年 10 月，星链项目再度向国际电信联盟递交申请，将申报卫星数量从此前近 1.2 万颗提高至 4.2 万颗。

由于卫星互联网蕴含的巨大商业价值，卫星互联网建设方兴未艾，空间轨道和频段作为能够满足通信卫星正常运行的先决条件，由于卫星轨道和频谱资源十分有限，构成了卫星星座建设的两大核心资源要素。世界各国已充分意识到近地轨道和频谱资源的战略价值。

轨道和频段是不可再生的战略资源，各国竞争趋于白热化。国际电信联盟（ITU）规定在轨道和频段资源获取上遵循“先占永得”原则，先发国家具有显著优势，如表 7-1 所示。

表 7-1　各国主要互联网星座部署计划

国家	公司	星座名称	数量（颗数）	建成年份	轨道高度	频段	用途
美国	SpaceX	Starlink	11927	2027	1130km	Ku，Ka，V	宽带
美国	One Web	One Web	2468	2027	1200km	Ku，Ka，V，E	宽带
美国	铱星公司	第二代铱星	75	2018	780km	—	宽带，STL
美国	波音	波音	2956	2022	1200km	V	宽带
美国	亚马逊	Kuiper	3236	—	590/610/630km	Ka	宽带
美国	Facebook	Facebook Athena Project	77	—	1200km	—	—
加拿大	Telesat	Telesat	298	2023	1248/1000km	Ka	宽带

（续）

国家	公司	星座名称	数量（颗数）	建成年份	轨道高度	频段	用途
加拿大	AACClyde	Kepler	140	2022	—	Ku，Ka	物联网
印度	Astrome	Space Net	150	2020	1400km	毫米波	宽带
俄罗斯	Yaliny	Yaliny	135	—	600km	—	工业物联网
德国	KLEO Connect	KLEO	624	—	1050/1425km	Ka	宽带
韩国	三星	三星	4600	—	1400km	—	—

资料来源：铖昌科技招股说明书，浙商证券研究所

由于相近频率间的卫星星座会产生信号干扰，原则上不同的卫星通信系统不能使用相同频率，特别是低轨卫星覆盖全球，频率协调难度较大，可用频段较少。按照频谱资源先用先得的国际惯例，一旦类似星链的大规模卫星网络组网完成，那么留给其他卫星网络计划的频谱和空间就会大幅减少，因此低轨卫星通信频谱资源的竞争问题日益加剧，在此背景下，当前世界各国抓紧建设低轨卫星互联网的一个重要原因即抢占频率。

就国际电联（ITU）登记的情况看，地球静止轨道上 C 频段通信卫星已近饱和，而低轨卫星主要采用的 Ku、Ka 频段资源也十分拥挤。

7.2.3 毫米波将发挥更重要作用

第五代移动通信（5G）分低频段（Sub 6GHz）和高频段（毫米波）。我国低频段 5G 在 2019 年已开始商用，毫米波 5G 的频谱尚未正式发布，但已批准了 24.75~27.5GHz 和 37~42.5GHz 作为实验频段。

近几年，国内外关于 6G 愿景及核心技术的论文、报告及报道越来越多，众说纷纭，但逐渐形成了一些共识。在网络架构上，6G 将是一个由大量中、低轨卫星与地面后 5G（B5G）融合的网络，从而使得人类第一次实现对整个地球表面及其临近空间的全覆盖。地球表面 29%是陆地，71%是

海洋，1G~5G 移动通信网络对 29%的陆地还没有实现全覆盖。因此，6G 将是人类移动通信历史上的一次革命。在核心技术上，一些提法也逐渐获得认可，比如泛在、全息、人工智能等。宽带传输技术是支撑通信网络的基础。对于 6G，要实现空天地海的一体化高速通信网，宽带传输技术将是核心。对于地面 5G 网络，已开始利用毫米波频段的频谱资源实现宽带高速传输。对于 6G，毫米波频段将是星间链路、卫星向下覆盖的用户链路、卫星到地面站的馈电链路的首选。例如，SpaceX 的 Starlink（星链）主要采用了 Ka 和 Q 频段，O3B 中轨卫星网采用 Ku 和 Ka 频段。可以肯定，毫米波技术将是 6G 网络最重要的支撑技术之一。有报道称太赫兹将是 6G 的核心技术，这一观点值得商榷。实际上，受限于半导体工艺特性，在太赫兹频段（通常是 300~10000 GHz，也有将 100~10000 GHz 频段称作太赫兹），发射功率、接收机噪声系数、制造难度、成本等都是应用太赫兹需要突破的瓶颈。

由于带宽达 400 MHz 甚至更宽，高采样率 ADC/DAC、海量数据的实时处理和大量射频通道与天线的高密度集，成为基于大规模 MIMO 技术的 5G 毫米波的瓶颈。为此，目前商业化 5G 毫米波的有源天线单元（AAU）都采用了相控子阵的混合多波束方案。该方案大大减少了射频收发信机数量，从而部分克服了上述瓶颈问题，但是以牺牲阵列增益和通信容量为代价的。

从理论上讲，基于全数字多波束的大规模 MIMO 技术将是未来移动通信追求的目标，但上述瓶颈问题是目前很难逾越的障碍。为此，我们提出了非对称毫米波大规模 MIMO 系统架构，以期在逼近系统最佳性能的同时，克服上述瓶颈问题。

毫米波技术除了在 5G 中得到充分利用外，其在第 6 代移动通信系统（6G）中也将发挥重要作用。尽管目前 6G 愿景还没有完全明确，但其基本的目标可以看出端倪。全球的无线通信网络目前仅对地球表面的人类主要居住地进行了覆盖，但如沙漠、湖泊、山川、森林等，没有得到有效的网络接入。此外，由于人类探索的触角不断向海洋、天空、太空等区域延伸，这些区域将对接入无线通信网络有强烈需求。因此，中、低轨卫星网，即空联网，将会作为 6G 的重要组成部分，与地面 B5G 系统融合，实现空天地海一体化通信网络的泛在链接。

由于未来应用的多元化，连接的智能化，以及信息处理的深度化，6G 系统将会产生海量数据，需要更高速率的传输支撑。有报道称，6G 有望能够进入太比特（Tbit/s）时代。为实现这一宏伟目标，急需寻找适合 6G 系统的频谱资源。目前，低频段的频率已被充分开发，同时很难获得较大的频谱带宽，来支持 Tbit/s 传输速率，所以将会向更高的频段寻求频谱资源。众所周知，频率越高，波长越短，射频器件的尺寸越小，但其性能通常越差，例如，功率放大器的输出功率，低噪声放大器的噪声系数等。那么到底哪个频段更适合 6G 的需求呢？这里对 6G 可能采用的频谱资源做简单的探讨。太赫兹频段拥有丰富的未被开发的频谱资源，能够实现较小的器件尺寸，实现超大规模阵列，有很多相关研究。然而，目前阶段主要受限于半导体工艺特性，太赫兹器件能力仍不足，例如输出功率不足，噪声系数指标差等。此外，由于其成本高，加工工艺复杂，这些因素都将制约太赫兹频段在 6G 时代的进一步应用。相比太赫兹频段，毫米波频段经过了 5G 时代的充分发展，器件能力得到大幅提高，产业链完整且丰富，同时毫米波频段的阵列尺寸也相对适中，能够满足 6G 系统大部分的应用需求，可以认为将是支撑 6G 的黄金频段。

与 5G 系统不同，6G 空联网的一大主要特点是对运动物体的快速无线连接提出了更高的要求。空联网中、低轨卫星的运行速度较快，数量较多，造成波束扫描范围大和波束连接数量多的挑战，需要进行快速的动态多波束跟踪，因此基于全数字多波束阵列架构的毫米波大规模 MIMO 系统将会是其中一个重要发展方向。然而，由于目前毫米波阵列架构的高增益波束特性和太空的广袤，对快速与指定卫星进行波束对准，建立无线通信链路提出了巨大的挑战，急需新的技术进行克服。

毫米波全数字大规模MIMO系统将是B5G（泛在融合信息网络）乃至6G系统的最佳选择，但其缺点（如复杂度高、成本高、功耗大等）将会制约其在未来系统中的应用。为有效降低毫米波全数字多波束阵列的复杂度、成本、功耗，并能支撑动态快速多波束跟踪，我们提出了非对称毫米波大规模MIMO系统的概念，以期在逼近系统最佳性能的同时，克服上述瓶颈问题。

目前采用的毫米波大规模MIMO系统混合多波束阵列或全数字多波束阵列是将多波束发射和接收阵列进行对称设计，即发射通道和接收通道数量相同，如图7-1所示。基站侧采用基于对称设计的毫米波混合/全数字多波束接收和发射架构，产生增益相同的发射和接收多波束。同样，终端侧设计与基站侧较为类似，区别是阵列规模较小。举例来说，基站侧和终端侧分别是对称的64发64收和4发4收的全数字多波束阵列。

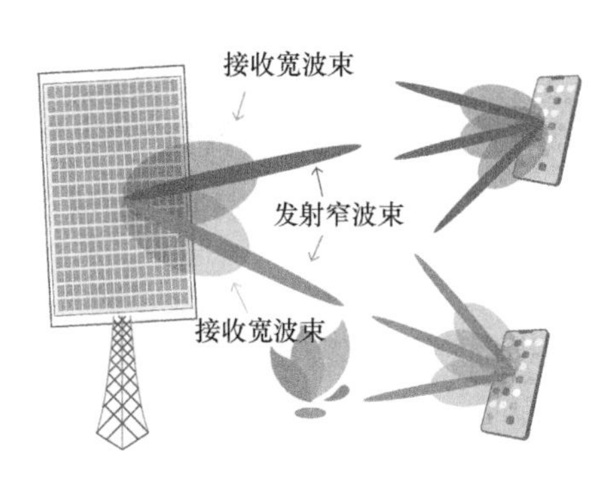

图7-1　非对称毫米波大规模MIMO系统架构

非对称毫米波大规模MIMO系统基本原理是将全数字多波束发射和接收阵列进行非对称设计，即发射阵列和接收阵列规模不同。基站侧采用较大规模的全数字多波束发射阵列和较小规模的全数字多波束接收阵列，进而产生较窄的发射多波束和较宽的接收多波束；终端侧仍然可以保持传统的对称形式，也可采用非对称形式。

非对称系统和传统对称混合多波束系统在链路增益上是有优势的，但非对称系统具有以下特点：

（1）发射和接收阵列波束不对称

非对称系统充分利用全口径，实现发射阵列高增益窄波束，接收阵列低增益宽波束，保持链路增益一致或更高。

（2）波束扫描范围大

由于非对称系统仍采用全数字多波束阵列架构，其波束扫描范围与对称全数字多波束系统一致，具有较大的波束扫描范围。

（3）波束对准和管理较为容易

由于非对称系统接收阵列的规模降低，接收波束较宽，这将会大大降低 DOA 计算和波束对准难度以及波束管理的复杂度，尤其适合应用在 6G 空联网的场景。

（4）系统容量高

非对称大规模 MIMO 阵列系统的波束数量远多于目前商用混合多波束阵列的波束数量，因而可以支持更多的数据流，增加系统容量。

（5）硬件设计复杂度降低

在基站侧，接收通道规模大幅度降低，例如，通道数从 64 减少为 16。这将大幅降低硬件成本，尤其是针对宽带信号的高精度 ADC 芯片和射频通道，同时，这会大幅降低基带信号的处理量和处理算法的实现难度。

然而，毫米波非对称大规模 MIMO 系统带来优势的同时，也将迎来相应关键技术的挑战，例如，由于采用了非对称的发射和接收阵列，导致上下行信道非互易，这就需要研究非互易信道特性和信道模型。

目前，关于非对称毫米波大规模 MIMO 阵列的研究尚处在起步阶段，但这是一个有益的尝试和探索，期望对 B5G 和 6G 新型系统架构的确立起到推动作用。

7.3　6G 智能化演进

移动通信技术与人工智能、大数据、云计算等新一代网络信息技术加速融合，智能化将成为未来新一代移动通信技术发展的新趋势之一。DOICT 的深度融合将激发新一代网络信息技术的创新活力，释放多技术交叉融合运用所带来的叠加倍增效应，带来感知、存储、计算、传输等环节的群体性突破，最终实现网络信息技术的代际跃迁。同时，人工智能将推动网络进入智能化时代，人工智能技术在网络领域正在从辅助运维扩展到网络性能优化、网络模式分析、部署管理、网络架构创新等多个领域，将引发网络信息技术的全方位创新。

7.3.1　智赋万物、智慧内生将成为 6G 的重要特征

在此背景下，6G 将使超大规模的智能化网络成为现实，在物理世界中运行的个人、设备、特定环境将通过动态数字建模在智能化网络中找到位置。6G 网络连接起来的智能体，通过不断的学习、交流、合作和竞争，将能够以超高效率模拟和预测物理世界的运行与发展，从而做出更快、更好的决策。

7.3.2　人工智能与通信技术的深度融合

移动通信网络从 1G 发展到 5G，通信关键技术迅速发展，广泛应用在人类社会的各行各业，成为社会信息化变革的重要支撑。为了能够满足未来 6G 网络更加丰富的业务应用，以及极致的性能需求，需要在现有的新型

无线网络架构基础上，实现关键技术上的重要突破。而随着人工智能（AI）的深入应用，如何实现 AI 赋能新型无线网络架构，也是一个研究热点。

现有的无线网络架构不具备支持 AI 原生的能力，缺少原生 AI 算法的运行环境和基础插件。此外，随着新型垂直行业应用的井喷式涌现，无线网络资源利用率低、业务匹配性差，差异化实时性业务需求引起资源管控复杂度的急剧提升。未来，AI 技术将赋能移动通信系统，通过与无线架构、无线数据、无线算法和无线应用结合，构建新型智能网络架构体系。AI 原生的 6G 网络不仅仅是将 AI 技术作为一种优化工具，而是实现 AI 原生的新型无线网络架构和空口技术。

AI 原生的 6G 网络通过赋能网络架构，实现接入网和核心网网元的智能化管理和部署实现，支持智能的多类型资源跨域管理。而 AI 原生的新空口技术能够通过调用 AI 算法支持无线资源的智能调度，实现实时的业务需求匹配，将 AI 需求考虑在接口协议栈的设计中。

（1）AI 原生的新型无线网络架构

AI 原生的新型无线网络架构，要充分利用网络节点之间的通信、计算和感知能力，通过分布式学习、群智式协同，以及云边端一体化算法部署，使得 6G 网络原生支持各类人工智能应用，能够构建新的网络生态，并实现以新型网络使用者为中心的业务体验。利用原生的 AI 能力，6G 可以更好地对无处不在的具有智慧感知、通信和计算能力的网络、基站和终端进行统筹管理，利用大规模的智能分布式协同服务，使网络中的通信和算力效用最大化。

这将会带来三点趋势的转变：①AI 将会融入 6G 网络中，并对外提供服务，将创造新的市场价值，即 AI 引擎，利用 AI 引擎的智能化能力，可以对外提供智能管控等服务；②AI 将在端-雾-云间协同实现包括通信能力、计算、存储等多种类型和多种维度资源的智能调度，并使网络总体效能得到提升；③AI能够实现对6G中广域的数据测量与监控，实现网络的快速自动化运维、快速检测和快速自修复，即AI原生的网络维护。

（2）支持AI引擎的无线资源管理

长期以来，基于数值迭代优化的解决方案在无线通信、信号处理任务之中发挥了重要作用。在迭代算法中，需要优化的问题参数作为迭代算法的输入，多次迭代后的结果是迭代算法的输出结果。在6G中，需要优化的问题规模通常比较大，使用迭代优化算法往往会使计算复杂度非常高，无法满足资源调度的实时性要求。而深度神经网络具有强大的函数逼近能力，其能够在接近迭代优化算法性能的同时，不会造成过高的计算复杂度。

如何利用神经网络实现智能化的无线网络资源管理是一个值得研究的问题。首先，需要设计出一种针对某一类无线资源管理问题的迭代资源优化算法；对神经网络进行设计，设计时可以巧妙利用迭代优化算法的特点来对神经网络的参数进行设置。具体来说，就是可以将迭代优化算法的输入参数作为神经网络的输入参数，而迭代优化算法的输出结果将作为神经网络的输出结果；对于单独不同的问题实例，可以使用迭代资源优化算法计算得到最优的资源管理策略作为参考结果，从而形成训练样本集；选择损失函数，利用训练样本集训练神经网络可以得到网络模型；当遇到新的问题实例时，可以利用神经网络模型计算资源管理策略。

利用上述设计思路，可以求解几乎所有无线资源优化问题，同时可以较为有效地提升在进行资源分配策略时的计算速度并节省计算开销。当在进行神经网络类型选择时，除了一般的前馈神经网络，也可以考虑诸如卷积神经网络或图神经网络等，后者已被证明能够有效求解整数规划问题。而在进行神经网络设计时，一般无线资源优化问题的目标函数通常是系统效用，如系统频效、能效等。因此，对于面向无线资源智能管理所使用的神经网络，除了可以选择均方误差函数作为神经网络的损失函数外，也可以直接使用系统效用函数作为神经网络的损失函数；还可以利用无线资源优化问题的最优解结构，将算法的先验信息融入神经网络设计中，从而简化神经网络的输入输出设计，这样不仅可以加速神经网络训练速度，而且同时能够极大提高神经网络逼近迭代算法的能力。

（3）AI 原生的新型空口

AI 赋能的新型协议栈，即深度融合 AI、机器学习技术，突破了现有空口的模块化设计的框架，实现无线环境、资源、干扰以及业务等多维特性的深度挖掘和利用，将会显著提高 6G 无线网络的效率、可靠性、实时性和安全性。

新型空口技术可以通过端到端的学习来增强数据平面和控制信令的连通性、效率和可靠性，允许针对特定场景在深度感知和预测的基础上进行定制，且空口技术的组成模块可以灵活地进行拼接，以满足各种应用场景的不同要求。借助多智能体等 AI 方法，可以使通信的参与者之间高效协同，提高通信传输能效。利用数据和深度神经网络的黑盒建模能力，可以从无线数据中挖掘并重构未知的物理信道，从而设计最优的传输方式，提高频谱利用率。

AI 赋能的通信系统能够根据流量和用户行为主动调整无线传输格式和通信动作，可以优化并降低通信收发两端的功耗，对 6G 网络中的功率进行智能管控。在多用户系统中，通过强化学习等 AI 技术，基站与用户之间可自动协调并调度资源。每个节点可计算每次传输的反馈，以调整其信号的波束方向，进行 AI 使能的波束赋形等。

7.4 卫星等非地面通信与蜂窝网络的关系和挑战

6G 将进一步扩展网络覆盖的广度和深度，实现全球无缝覆盖。卫星、无人机等非地面设施能够实现更广覆盖，为轮船、飞机、广域物联网及移动互联网终端提供通信及联网服务，但由于其覆盖范围极广，导致其单位面积容量低，难以满足密集城区用户的大容量需求。此外，与地面之间的距离远，传输时延较高，也难以满足超低时延垂直行业应用的需求。

7.4.1　6G将以地面蜂窝网络为基础

地面蜂窝移动通信的优势在于其强大的计算能力、大数据存储能力，数据传输高速率、低时延以及支持海量连接，可有效满足人口密集地区的大容量网络需求，但其覆盖范围受限。现有的地面蜂窝网络仅覆盖地球表面的10%，在人口密度低、回报价值低的偏远地区网络部署成本高昂、性价比低，且易受地形和地质灾害影响。因此，在未来6G网络建设中，卫星等非地面通信将作为地面蜂窝网络的补充，推动形成无缝全域覆盖的通信网络。

未来空天地海一体化覆盖网络将由具备不同功能、位于不同高度的卫星、高空平台、近地通信平台，以及陆地和海洋等多种网络节点实现互联互通，相互取长补短、优势互补，形成一个以地面蜂窝网络为基础、多种非地面通信为重要补充的立体广域覆盖通信网络，实现同一终端在地面、空中、海面各个区域之间的无缝漫游，为各类用户提供多样化的应用和服务。

7.4.2　多种非地面通信手段实现空天地海一体化

6G将进一步扩展网络覆盖的广度和深度，实现全球无缝覆盖。卫星、无人机等非地面设施能够实现更广覆盖，为轮船、飞机、广域物联网及移动互联网终端提供通信及联网服务，但由于其覆盖范围极广，导致其单位面积容量低，难以满足密集城区用户的大容量需求。此外，与地面之间的距离远，传输时延较长，也难以满足超低时延垂直行业应用的需求。

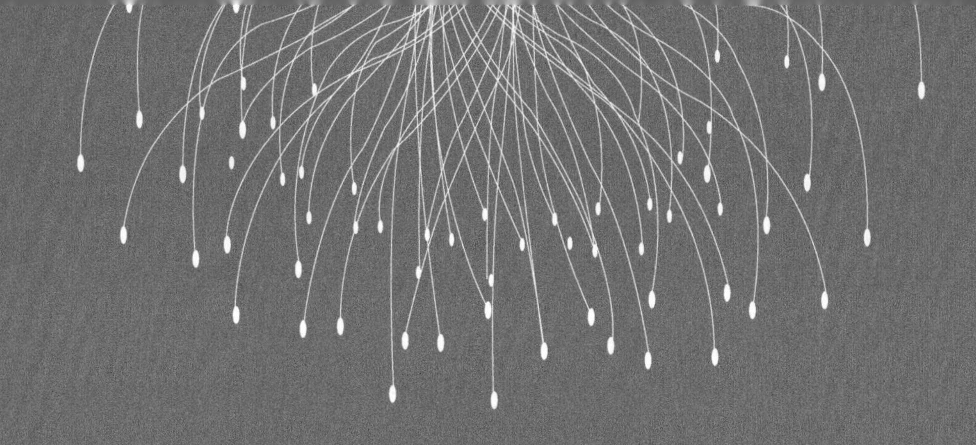

第 8 章

全球6G研究进展

8.1 世界各国 6G 研究总体进展

我国已在国家层面正式启动 6G 研发。近年来，互联网、大数据、云计算、人工智能、区块链等技术加速创新，日益融入经济社会发展各领域全过程，数字经济发展速度之快、辐射范围之广、影响程度之深，前所未有，正在成为重组全球要素资源、重塑全球经济结构、改变全球竞争格局的关键力量。要站在统筹中华民族伟大复兴战略全局和世界百年未有之大变局的高度，统筹国内国际两个大局、发展安全两件大事，充分发挥海量数据和丰富应用场景优势，促进数字技术与实体经济深度融合，赋能传统产业转型升级，催生新产业新业态新模式，不断做强做优做大我国数字经济。

8.1.1 中国：从国家层面启动 6G 研发

2019 年 11 月 3 日，我国成立国家 6G 技术研发推进工作组和总体专家组，标志着我国 6G 研发正式启动。目前涉及下一代宽带通信网络的相关技术研究主要包括大规模无线通信物理层基础理论与技术、太赫兹无线通信技术与系统、面向基站的大规模无线通信新型天线与射频技术、兼容 C 波段的毫米波一体化射频前端系统关键技术、基于第三代化合物半导体的射频前端系统技术等。

在技术研发方面，华为公司已经开始着手研发6G技术，它将与5G技术并行推进。华为在加拿大渥太华成立了6G研发实验室，目前正处于研发早期理论交流的阶段。华为提出，6G将拥有更宽的频谱和更高的速率，应该拓展到海陆空甚至水下空间。在硬件方面，天线将更为重要。在软件方面，人工智能在6G通信中将扮演重要角色。在太赫兹通信技术领域，华讯方舟、四创电子、亨通光电等公司也已开始布局。2019年4月26日，毫米波太赫兹产业发展联盟在北京成立。

在运营商方面，中国电信、中国移动和中国联通均已启动6G研发工作。中国移动和清华大学建立了战略合作关系，双方将面向6G通信网络和下一代互联网技术等重点领域进行科学研究合作。中国电信正在研究以毫米波为主频，太赫兹为次频的6G技术。中国联通开展了6G太赫兹通信技术研究。

8.1.2 美国：2018年已开始展望6G

早在2018年，美国联邦通信委员会（FCC）官员就对6G系统进行了展望。2018年9月，美国FCC官员首次在公开场合展望6G技术，提出6G将使用太赫兹频段，6G基站容量将可达到5G基站的1000倍。同时指出，美国现有的频谱分配机制将难以胜任6G时代对于频谱资源高效利用的需求，基于区块链的动态频谱共享技术将成为发展趋势。

2019年，美国决定开放部分太赫兹频段，推动6G技术的研发实验。2019年初，时任美国总统特朗普公开表示要加快美国6G技术的发展。同年3月份，FCC宣布开放95~3072GHz频段作为实验频谱，未来可能用于6G服务。

在技术研究方面，美国目前主要通过赞助高校开展相关研究项目，主要是开展早期的 6G 技术，包含芯片的研究。纽约大学无线研究中心（NYU Wireless）正开展使用太赫兹频率的信道传输速率达 100Gbit/s 的无线技术。美国加州大学的研究中心获得了 2750 万美元的赞助，开展“融合太赫兹通信与传感”的研究。加州大学欧文分校纳米通信集成电路实验室研发了一种工作频率在 115~135GHz 的微型无线芯片，在 30cm 的距离上能实现 36Gbit/s 的传输速率。弗吉尼亚理工大学的研究人员认为，6G 将会学习并适应人类用户，智能机时代将走向终结，人们将见证可穿戴设备的通信发展。

8.1.3　韩国：将 6G 研发列为首要课题

作为全球第一个实现 5G 商用的国家，韩国同样是最早开展 6G 研发的国家之一。2019 年 4 月，韩国通信与信息科学研究院召开了 6G 论坛，正式宣布开始开展 6G 研究并组建了 6G 研究小组，任务是定义 6G 及其应用以及开发 6G 核心技术。韩国前总统文在寅在 2019 年 6 月访问芬兰时达成协议，两国将合作开发 6G 技术。2020 年 1 月份，韩国政府宣布将于 2028 年在全球率先商用 6G。为此，韩国政府和企业将共同投资 9760 亿韩元。韩国 6G 研发项目目前已通过了可行性调研的技术评估。此外，韩国科学与信息通信技术部公布的 14 个战略课题中把用于 6G 的 100GHz 以上超高频段无线器件研发列为“首要”课题。

在技术研发方面，韩国领先的通信企业已经组建了一批 6G 研究中心。韩国 LG 公司在 2019 年 1 月份便宣布设立了 6G 实验室。同年 6 月份，韩国最大的移动运营商 SK 宣布与爱立信和诺基亚建立战略合作伙伴关系，共同研发 6G 技术，推动韩国在 6G 通信市场上提早发展。三星电子也在 2019 年设立了 6G 研究中心，计划与 SK 电讯合作开发 6G 核心技术并探索 6G

商业模式，将把区块链、6G、AI 作为未来发力方向。

8.1.4　日本：具有发展 6G 的独特优势

日本计划通过官民合作制定 2030 年实现“后 5G”（6G）的综合战略。据报道，该计划由日本东京大学校长担任主席，日本东芝等科技巨头公司将会全力提供技术支持，在 2020 年 6 月前，汇总 6G 综合战略。日本经济产业省 2020 年计划投入 2200 亿日元的预算，主要用于启动 6G 研发。

日本在太赫兹等各项电子通信材料领域全球领先优势明显，这是其发展 6G 的独特优势。广岛大学与信息通信研究机构（NICT）及松下公司合作，在全球最先实现了基于 CMOS 低成本工艺的 300GHz 频段的太赫兹通信。日本电信电话株式会社（NTT）旗下的设备技术实验室利用磷化铟（InP）化合物半导体开发出传输速度可达 5G 五倍的 6G 超高速芯片，目前存在的主要问题是传输距离极短，距离真正的商用还有相当长的一段路。NTT 于 2019 年 6 月份提出了名为“IOWN”的构想，希望该构想能成为全球标准。同时，NTT 还与索尼、英特尔在 6G 网络研发上合作，将于 2030 年前后推出这一网络技术。

8.1.5　英国：学企一起开展 6G 探索

英国是全球较早开展 6G 研究的国家之一，产业界对 6G 系统进行了初步展望。2019 年 6 月，英国电信集团（BT）首席网络架构师 Neil McRae 预计 6G 将在 2025 年得到商用，特征包括“5G+卫星网络（通信、遥测、导航）”、以“无线光纤”等技术实现的高性价比的超快宽带、广泛部署于各处的“纳米天线”、可飞行的传感器等。

在技术研发方面，英国企业和大学开展了一些有益的探索。英国布朗大学实现了非直视太赫兹数据链路传输。GBK 国际集团组建了 6G 通信技术科研小组，并与马来西亚科技网联合共建 6G 新媒体实验室，共同探索 6G 时代互联网行业与媒体行业跨界合作的全新模式，推动 6G、新媒体、金融银行、物联网、大数据、人工智能、区块链等新兴技术与传媒领域的深度融合。英国贝尔法斯特女王大学等一些大学也正在进行 6G 相关技术的研究。

8.1.6 芬兰：率先发布全球首份 6G 白皮书

芬兰信息技术走在世界前列，在大力推广 5G 技术的同时，率先发布了全球首份 6G 白皮书，对于 6G 愿景和技术应用进行了系统展望。2019 年 3 月，芬兰奥卢大学主办了全球首个 6G 峰会。2019 年 10 月，基于 6G 峰会专家的观点，奥卢大学发布了全球首份 6G 白皮书，提出 6G 将在 2030 年左右部署，6G 服务将无缝覆盖全球，人工智能将与 6G 网络深度融合，同时提出了 6G 网络传输速度、频段、时延、连接密度等关键指标。

芬兰已经启动了多个 6G 研究项目。奥卢大学计划在 8 年内为 6G 项目投入 2540 万美元，已经启动 6G 旗舰研究计划。同时，诺基亚公司、奥卢大学与芬兰国家技术研究中心（VTT）合作开展了“6Genesis——支持 6G 的无线智能社会与生态系统”项目，将在未来 8 年投入超过 2.5 亿欧元的资金。

8.2 美国、日本和韩国的 6G 研究进展

美国为了推动 6G 的主导地位，成立了 Next G Alliance，这一联盟组织的成立在于对 6G 展开一定程度的研发和制造。为 6G 时代的到来做充足准备。单单是自己行动还不够，美国还拉拢了许多国家，与韩国、日本、英国均展开了相关的合作计划。

8.2.1 美国：融合太赫兹通信与传感研究

6G将迈向太赫兹频率时代，基于区块链的动态频谱共享技术是趋势。2018年9月13日，在美国移动世界大会（MWCA 2018）上，美国联邦通信委员会（FCC）官员首次在公开场合展望6G技术。一直支持“网络中立”的FCC委员Jessica Rosenworcel，在洛杉矶举行的MWCA 2018上的一次演讲中表示，6G将迈向太赫兹频率时代，随着网络越加致密化，基于区块链的动态频谱共享技术是趋势。

FCC 2015年在3.5GHz频段上推出了CBRSD（公众无线宽带服务），通过集中的频谱访问数据库系统来动态管理不同类型的无线流量，以提高频谱使用效率。CBRSD极具创造性、高效性和前瞻性，未来还可实现更智能、分布式更强的动态频谱共享接入技术，也就是区块链+动态频谱共享。

他指出，区块链是分布式数据库，无须中央中介即可安全更新，未来可以探索使用区块链作为动态频谱共享技术的低成本替代方案，不但可以降低动态频谱接入系统的管理费用，提升频谱效率，还可以进一步增加接入等级和接入用户。使用去中心化的分布式账本来记录各种无线接入信息，可进一步激发新技术创新，甚至改变未来使用无线频谱的方式。

同时，6G时代的网络安全将有显著改善，6G将来还可能与量子计算相结合，形成“量子互联网”。2019年1月，在拉斯维加斯举办的消费电子展历来被看作国际消费电子领域的“风向标”，参展的美国科技企业已在展望6G的概念。6G有望扩展至更广泛的层面、更高的空间，比如卫星移动，实现地空全覆盖网络，真正做到万物互联。

展会期间，美国思科公司的服务供应网首席技术官迈克尔·比斯利在一个分论坛上阐述了对6G技术的预判和展望，他认为，6G时代的网络安全将有显著改善。计算能力和人工智能将以更加小巧高效的方式嵌入到我们能想象到的所有物体中，拥有这样的带宽和计算能力可以让我们实时发现架构中的异常行为，可以快速识别处理，更加安全。同时，6G 将来还可能与量子计算相结合，形成“量子互联网”。如果量子计算技术得到大规模应用，那么无论是个人设备、机器还是整个物联网，计算能力和计算密度可能会有一到两个数量级的增长。超快的网络连接速度配合超快的云端数据中心计算效率，未来“世界将不同凡响”。

8.2.2 美国：卫星互联网通信

2019 年 5 月 23 日，美国太空探索公司在美国佛罗里达州一处空军基地发射火箭，将“星链”计划首批 60 颗卫星送入近地轨道。

2020 年 8 月，马斯克的“星链”计划实现了人类历史上第一次基于低轨网络的大规模星地联合测试。这的确是全球卫星互联网里程碑式的节点。更重要的是，“星链”计划从被质疑到被肯定，只花了一年多时间。

“星链”卫星目标就是给偏远地区的人们带来高速的互联网接入服务。仅 15 个月后，首批测试用户已享受到这项技术带来的颠覆性体验。

美国社交媒体上有热心网友晒出了测速结果，最高下载速度超 60Mbit/s。更有最新测试显示时延可低至 20ms，在线玩游戏完全没问题。

不少在北美洲、欧洲乃至澳大利亚的人，在社交媒体上呼吁马斯克的“星链”卫星覆盖自己的家乡。他们表示，自己每个月要花费上百美元的高昂费用，网速依然糟糕透顶。

即使在美国，也仍有很多人上不了网。据美国联邦通信委员会 2019 年数据，当前仍有 2100 万美国人根本没有接入任何宽带。放眼全球，近 30 亿人口不能连接网络，巨大的信息鸿沟亟待弥合。

8.2.3 日本：电子通信材料研究

如今，虽然日本电子产业已没有在巅峰时的盛况，但日本企业对质量和可靠性的追求，使其在电子元件、材料和精密设备市场仍具有强劲实力。在电子元件领域，日本厂商在多层陶瓷电容器、电阻和电感市场都有绝对优势。在材料领域，日本在半导体原材料方面具备技术优势，日本生产的半导体基础材料纯度高、质量可靠。在精密设备市场，日本在多个关键环节具有近乎垄断的地位。日本电子产业在这三个的市场份额都具有较大优势。

8.2.4 日本：太赫兹通信研究

日本电信 NTT 开发出了“OAM”技术，传输速度可达 5G 的 5 倍。采用更高频段通信可能是 6G 的关键技术之一，广岛大学在全球最先实现了基于 CMOS 低成本工艺的 300GHz 频段的太赫兹通信。

此外，日本在太赫兹等各项电子通信材料领域“独步天下”，几乎达到垄断地位，这是其发展 6G 的独特优势。

日本三大电信运营商之一的 NTT（Nippon Telegraph and Telephone），已成功开发出瞄准“后 5G 时代”的新技术。虽然仍面临传输距离极短的课题，不过传输速度可达 5G（第 5 代通信标准）的 5 倍。NTT 使用一种名为“OAM”的技术，实现了相当于 5G 数倍的 11 个电波的叠加传输。OAM 技术是使用圆形的天线，将电波旋转成螺旋状进行传输，由于物理特性，转数越高，传输越困难。NTT 计划未来实现 40 个电波的叠加。虽然 NTT DoCoMo（日本移动通信运营商）在峰会上没有宣布具体的技术路线。但看得出来，NTT DoCoMo 对 6G 发展应该已经有明确的计划，并已经开始着手实施。

8.2.5 韩国：开发 6G 核心技术并探索商业模式

2021 年 6 月 23 日，据外媒《亚洲经济新闻》报道，韩国计划在 5 年内投资 2200 亿韩元，用于 6G 技术的研究。计划在 2026 年推出 6G 通信原型机，力争要在 2028 年时，成为全球首个实现 6G 网络商用的国家。

2021 年底，韩国三星公司在美国进行了 6G 试验，使用 6G 太赫兹无线通信原型系统实现了在 15m 距离内的数据传输，传输速率达到了 6.2Gbit/s，该原型机系统频率为 140GHz，带宽为 2GHz。

此外，韩国还计划在 2031 年之前，发射 14 颗 6G 卫星。建立天空地一体化的通信技术。

8.3　国际组织及区域组织

国际电信联盟下设的电信标准化部门第 13 研究组（ITU-T SG13）致力于未来网络研究，并于 2018 年 7 月建立了 NET-2030 网络焦点组，旨在探索面向 2030 年及以后的网络服务需求。

8.3.1　国际电信联盟（ITU）

NET-2030 网络焦点组下设 3 个子组，包括应用场景与需求，网络服务与技术以及架构和基础设施，并于 2019 年发布了 2 本白皮书，分别关注应用场景以及 2030 网络的新服务能力，提出了全息、触觉互联网等多种新型场景，以及目前网络 Gap 和未来网络最需关注的服务。

此外，ITU 下设的无线电通信部门 5D 工作组（ITU-R WP5D）于 2020 年 2 月在瑞士日内瓦召开的会议上，启动了面向 2030 年及未来（6G）的研究工作。

会议形成初步的 6G 研究时间表，包含未来技术趋势研究报告、未来技术愿景建议书等重要计划节点。

本次会议上，ITU 启动“未来技术趋势报告”的撰写。该报告描述 5G

之后 IMT 系统的技术演进方向，包括 IMT 演进技术、高谱效技术及部署等。

目前，ITU 尚未确定 6G 标准的制定计划。

8.3.2 电气电子工程师协会（IEEE）

IEEE 于 2018 年 8 月启动了目标为“实现 5G 及更高版本”的未来网络研究。

2019 年 3 月 25 日，IEEE 赞助的全球第一届 6G 无线峰会在芬兰召开，工业界和学术界众多参会代表发表了对于 6G 的见解，探讨了实现 6G 愿景需要应对的理论和实践挑战。

该会议的论文及报告涉及对 6G 的场景畅想、毫米波及太赫兹、智能连接、边缘 AI、机器类无线通信等多项技术。

第二届 6G 无线峰会也于 2020 年在线上举行，由业界、运营商、研究机构学者及利益相关者进行主题演讲、技术会议及相关展示等。6G 峰会属于全球范围内的技术盛会，目标是通过各行业群策群力，明确 6G 愿景及发展方向。

8.3.3 第三代合作伙伴计划（3GPP）

3GPP 目前的在研版本 R17 仍然是 5G 特性的演进及增强。但需求组 SA1 已启动未来业务的相关立项，包含智能电网、触感通信等，有较大可能平滑过渡到下一代移动通信系统。

根据目前进展及计划，3GPP 大概率会在 R19 开始 6G 愿景、技术、需求方面的工作，在 R21 或以后阶段开始进行 6G 标准化工作。

8.3.4 6G Flagship

由芬兰财团赞助，奥卢大学（Oulu University）主导的 6G 旗舰计划

（6G Flagship）于 2019 年成立，致力于提供“无限无线连接”的标准化通信技术，并于 2019 年 9 月发布了白皮书 *Key Drivers and Research Challenges for 6G Ubiquitous Wireless Intelligence*，初步回答了 6G 怎样改变大众生活、有哪些技术特征、需解决哪些技术难点等问题。

内容包括 6G 愿景、驱动力、应用及服务，无线研究方向集中在人工智能、新的免授权接入、信号成型、模拟调制、大型智能表面等，同时针对无线硬件的进展和难度进行了分析，网络研究方向则集中在信任链的建立。

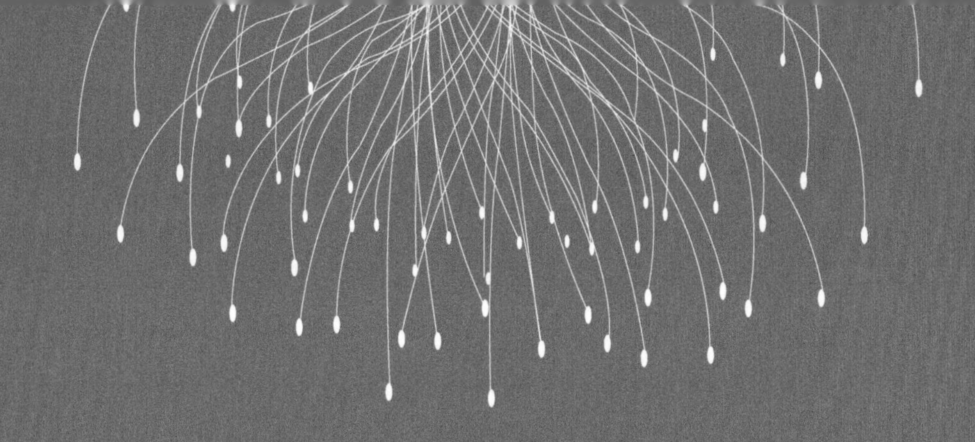

第9章

对6G发展的几点思考

9.1 我国的5G应用将为6G发展奠定良好基础

5G在我国的快速发展，为我国6G的研发奠定了良好的基础，5G的经验积累非常重要：

一是积累了技术和人才储备。基于5G的大规模发展，运营商和企业对6G的研发更有信心。相对于5G来说，我国在6G研发上投入的规模和储备的产业人才都是其他国家不可比拟的。

二是积累了网络部署的经验。5G网络的部署与之前的4G网络还是有很大差异的，特别是在人工智能技术方面有了很多应用，这些差异随着我国这两年5G网络的部署而积累的经验和教训，都为未来6G的部署积累了宝贵的实践经验。

三是积累了产业化推广的经验。在6G研发的初期，就需要关注未来应用的场景，针对可能的场景去做相应的重点研发。这也是从5G积累的经验。所以6G应该更多考虑的是行业应用的场景。

9.2 智慧内生将成为 6G 的重要特征

移动通信技术与人工智能、大数据、云计算等新一代网络信息技术加速融合，智能化将成为未来新一代移动通信技术发展的新趋势之一。DOICT 的深度融合将激发新一代网络信息技术的创新活力，释放多技术交叉融合运用所带来的叠加倍增效应，带来感知、存储、计算、传输等环节的群体性突破，最终实现网络信息技术的代际跃迁。同时，人工智能将推动网络进入智能化时代，人工智能技术在网络领域正从辅助运维扩展到网络性能优化、网络模式分析、部署管理、网络架构创新等多个领域，将引发网络信息技术的全方位创新。

在此背景下，6G 将使超大规模的智能化网络成为现实，在物理世界中运行的个人、设备、特定环境将通过动态数字建模在智能化网络中找到位置。经 6G 网络连接起来的智能体，通过不断学习、交流、合作和竞争，将能够以超高效率模拟和预测物理世界的运行与发展，从而做出更快、更好的决策。

具体而言，云化 XR、全息通信、感官互联、智慧交互等沉浸化业务应用将带来更加身临其境的极致体验，满足多重感官、情感和意识层面的交互需求，还可以广泛应用于娱乐生活、医疗健康、工业生产等领域。

通信感知、普惠智能、数字孪生等智慧化业务应用借助感知、智能等全新能力，在进一步提升 6G 通信系统性能的同时，还将助力完成物理世界的数字化，推动人类进入虚拟化的数字孪生世界。

由于 6G 将在 5G 基础上由万物互联向万物智联迈进，因此 5G 的成功商用，尤其是在垂直行业领域的广泛应用，将为 6G 发展奠定良好基础。关于 6G 智能化演进问题，智赋万物、智慧内生将成为 6G 的重要特征，人工智能与通信技术的深度融合将引发网络信息技术的全方位创新。

9.3　全频段高效利用，满足 6G 频谱需求

频谱资源是移动通信发展的基础，6G 将持续开发优质可利用的频谱，在对现有频谱资源高效利用的基础上，进一步向毫米波、太赫兹、可见光等更高频段扩展，通过对不同频段频谱资源的综合高效利用来满足 6G 不同层次的发展需求。6GHz 及以下频段的新频谱仍然是 6G 发展的战略性资源，通过重耕、聚合、共享等手段，进一步提升频谱使用效率，将为 6G 提供基本的地面连续覆盖，支持 6G 实现快速、低成本网络部署。

高频段将满足 6G 对超高速率、超大容量的频谱需求。随着产业的不断发展和成熟，毫米波频段在 6G 时代将发挥更大作用，其性能和使用效率将大幅提升。太赫兹、可见光等更高频段受传播特性限制，将重点满足特定场景的短距离大容量需求，这些高频段也将在感知通信一体化、人体域连接等场景发挥重要作用。

从 4G 和 5G 发展的历史来看，频率的规划和选择至关重要。5G 采用了 Sub-6GHz 的 100MHz 带宽的载波，毫米波达到了 400MHz 的带宽，结合大规模天线技术，实现了 1Gbit/s 以上的峰值速率，带来了用户体验的升级。我国选择的 Sub-6GHz 优先发展的产业策略比较好地兼顾了覆盖和速率的需求，每个运营商 100 MHz 的频率分配使得运营商有条件建设一张覆盖全国的 5G 精品网络，为我国 5G 的快速发展打好了基础。

面向 6G，网络的发展仍然需要兼顾覆盖、成本和能力提升的需求，所以如果能在 6GHz 左右，为每个运营商分配 500MHz 以上的连续频谱，它所带来的网络成本效率和网络能力的提升都会是巨大的，将非常有利于 6G 网络实现能力和成本效率的量级提升。同时，运营商目前所使用的频谱非常

零散和碎片化，这给实际的网络部署、终端设计等都带来了巨大的挑战，6G 需要解决多频谱协同使用的问题。

因此 6G 需要想办法提升频谱利用效率，特别是中、低频段的频谱利用效率；另一方面，6G 需要支持全频段的接入，包括授权频谱、非授权频谱、Sub-6GHz、太赫兹、可见光、毫米波等，需要充分考虑其特点、应用场景，采用高效的频谱使用方式。此外，考虑到 2G、3G、4G、5G、Wi-Fi 等，6G 网络需要支持频谱的动态管理，把有限的频谱资源有效地利用起来，特别是低频段，比如 5G 和 6G 之间，授权和非授权之间等，以便于充分地利用闲置的资源来满足用户的体验。

6G 的应用场景将会更加丰富，除提供传统的地面覆盖之外，还需要考虑近空以及海面、高山、沙漠等地面基站建设困难区域的覆盖，卫星通信也将是传统地面移动通信系统的重要补充。面向 6G，一方面需要 10GHz 以下的连续大带宽频率，以保证基础的网络覆盖，支持无缝的地面覆盖网络部署，保障基础的业务能力提升；另一方面，也可以考虑根据业务的需要，按需部署与动态开启毫米波、太赫兹和可见光等高频段，满足超高速率、超大容量的业务需求，或者在提供数据传输的同时，提供定位等感知能力，进一步拓展 6G 网络能够支持的应用场景。

9.4　卫星互联网助力地面网络实现 6G 全域覆盖

随着航天技术的不断成熟，卫星互联网战略地位日渐凸显，各国在加快战略部署。卫星互联网通过大量低轨通信卫星组成的通信网络，可以实现全球通信无缝覆盖，弥补现有地面互联网网络的覆盖盲点。由于中、高轨道提供的通信能力有限，仅能提供基本语音和低容量的数据业务，主要作为地面通信的补充和延伸，同时轨道和频段是不可再生的战略资源，各国在低轨卫星竞争方面趋于白热化，随着全球低轨卫星发射数量逐渐增加，空间轨道和频段作为能够满足通信卫星正常运行的先决条件，已经成为各国卫星企业争相抢占的重点资源。

我国的卫星互联网建设也已提上日程，这将促进我国航天产业结构性升级，引领新一轮产业变革。国家强调要集中力量，加速建成覆盖全球的空天地海一体化信息网络，并且也明确指出加快高轨和低轨宽带卫星研发和部署，积极开展卫星空间组网示范，构建覆盖全球的天基信息网络。同时，国家发改委首次将卫星互联网和 5G、工业互联网等一起列入信息基础设施，明确建设卫星互联网在新一代信息技术演进上的重大战略意义。我国卫星互联网即将步入发展快车道。

随着卫星互联网应用的不断深入，带动了市场需求稳步提升。国家已出台多项政策措施，鼓励推动卫星在各行业的规模化应用、商业化服务及国际化拓展，行业面临很好的发展机遇。首先，卫星通信应用落地早，规模大，据统计 2020 年我国卫星通信市场规模约为 723 亿元。其次，在卫星导航方面，高精度是我国北斗卫星的特色服务，受到大气误差、卫星钟差等影响，因此随着北斗应用逐步深化，也将带动国内导航市场快速发展。最后卫星遥感产业的市场潜力可期，商业遥感蓄势待发，住建、环保等领域是增值服务应用较多的细分市场，预计到 2025 年将达到 279 亿美元，全球卫星遥感应用市场规模快速增长。

在未来的 6G 网络建设中，卫星通信与地面蜂窝通信由竞争转为互补，卫星等非地面通信将作为地面蜂窝网络的补充，并逐渐走向融合，推动形成无缝全域覆盖的通信网络。

6G 星地融合是移动通信的关键技术方向。未来空天地海一体化覆盖网络将由具备不同功能位于不同高度的卫星、高空平台、近地通信平台，以及陆地和海洋等多种网络节点实现互联互通，相互取长补短、优势互补，形成一个以地面蜂窝网络为基础、多种非地面通信为重要补充的立体广域覆盖通信网络，实现同一终端在地面、空中、海面各个区域之间的无缝漫游，为各类用户提供多样化的应用和服务。

9.5 元宇宙需要 6G 提供技术支撑

中国工程院院士、未来移动通信论坛理事长邬贺铨在第二届全球 6G 技术大会开幕式上表示，元宇宙需要 6G，用户在全方位、多角度全息交互中需同时承载上千个并发数据流，用户吞吐量可能要达到 Tbit/s 量级，甚至交互所需要的时延也要小于 1ms，也就是说，用户体验速率要大于 10Gbit/s。5G 无法满足这样的需求，需要 6G 来提供支撑。

元宇宙的概念最初来源于 1992 年出版的科幻小说《雪崩》，书中描述了一个平行于现实世界的虚拟世界——Metaverse，所有现实世界的人在 Metaverse 中都有一个替身（Avatar）。真实世界的人通过控制其替身，在 Metaverse 中进行人际交往和竞争，以提升自己的地位。Metaverse 由“Meta”和“universe”两个词组成，意为超越/元宇宙。

目前针对元宇宙还没有公认的定义，从业界针对元宇宙的诸多讨论来看，元宇宙是由包括区块链、AI、6G 等（通信、交互和传感技术等集成类）技术支撑的一个实时在线网络世界，是数字世界和物理世界相互作用下形成的有机生态体系，对人类社会的生活、工作、商业和经济都将会带来深远的影响。

我们可以把元宇宙看成是现实世界和虚拟世界的融合。现实世界中存在的社会及经济系统，以及衣食住行等活动，都会在虚拟世界中有相关的映射。

首先，在元宇宙虚拟世界的社会关系架构方面，过去10多年，区块链的飞速发展以及Roblox的探索，人们对去中心化自治组织（Decentralized Autonomous Organization，简称DAO）的建立和运营有了更深刻的理解。现在的互联网平台，如脸书、推特、微博、微信等，本质上是一个中心化的封闭系统。在这个封闭系统中，个人用户基本没有决策权，也无法很好地争取及维护自己的利益。DAO则是由社区成员集体所有和共同管理的新一代互联网原生企业，个人用户可以通过DAO的投票机制，更好地争取及维护自己的利益。未来元宇宙的虚拟世界，是个开放的DAO生态系统，建立在开放的标准及协议之上。

其次，元宇宙的经济系统由于区块链和数字加密货币的发展而进一步完善。区块链和数字加密货币领域，在过去10多年出现许多创新，比如Token-based Incentive Mechanism（代币激励机制），DeFi（Decentralized Finance，去中心化金融），NFT（Non-Fungible Token非同质化代币）等，让信任和价值在元宇宙中自由流动。

第三，过去20年来，一些元宇宙底层关键技术飞速发展，为新一代元宇宙世界提供了更好的体验。元宇宙的底层关键技术包括：区块链、人机交互技术、5G/6G、人工智能，以及云计算。

作为一个尚未落地的概念性新兴事物，元宇宙充满了未知和待探索的空间。2021年可以被称为“元宇宙”元年，继2021年3月沙盒游戏平台Roblox将“元宇宙”概念放入招股书中，被称为“元宇宙”第一股后，Facebook更名为Meta，引发全球范围内资本市场和业界的广泛讨论，形成元宇宙现象。之后很多著名企业包括NVIDIA、微软、腾讯、字节跳动等也都纷纷推出自己的元宇宙发展计划，带火了整个概念。迈入2022年，元宇宙依然热度不减。2021年底，上海市正式将元宇宙纳入其电子信息产业发展“十四五”规划。

2022 年 3 月，毕马威发布了《初探元宇宙》报告。报告在全景呈现元宇宙生态图谱的基础上，从元宇宙的起源定义、基础硬件和核心技术、十大应用场景展望，以及机遇与挑战四个维度进行解析，从多个角度对这个新兴概念进行了讨论。

毕马威认为，元宇宙在消费者端（to C）、企业端（to B）、政府端（to G）都有着丰富的应用场景，将对娱乐、购物、远程办公、金融、制造、城市治理、研发等领域带来深刻影响，元宇宙所带动的经济和商业模式变革也可能催生新的业态。但也要看到，元宇宙产业的整体技术发展仍处于萌芽阶段，距离接棒移动互联网成为数字经济下一站还有较长的道路要走，需要多方面共同努力，以期在互联网 Web 3.0 的浪潮中夺得先机。

元宇宙在以下 10 个领域的应用场景尤其值得期待，包括娱乐、社交、零售、制造、金融、医疗、远程办公、教育培训、研发、城市治理。

随着技术的不断进步，元宇宙也有望迎来更快发展，为各行各业带来新的技术赋能和机遇，但同时，元宇宙的未来发展仍有很多核心问题需要解决，特别是需要重点关注来自技术突破、生活方式、社会伦理、隐私与数据安全，以及立法监管五个方面的挑战。

当前世界各国企业和政府都开始意识到元宇宙的巨大发展潜力和战略价值。特别是中美的科技巨头，对元宇宙带来的机会非常敏感，争相投入重要资源布局相关产业，积极卡位元宇宙赛道。

美国企业在元宇宙关键底层技术方面，比如人机交互技术、AI、云计算及区块链领域具有优势。Meta 作为元宇宙产业最积极的推动者，计划从社交公司转型为元宇宙公司。它目前所构建的社交用户、创作者社群、Oculus 头盔、Horizon VR 平台和将来以 Diem 数码加密货币为中心的经济系统，将融合在一起，组合成一个大规模的元宇宙世界。

微软通过自己的 Azure 云计算平台、HoloLens 头盔、Mesh 混合现实协作平台，以及最近花费 687 亿美元收购的动视暴雪游戏平台，也成为元宇宙领域的领先者。其他美国公司，如 NVIDIA、苹果、谷歌等，也都在元宇宙领域加大投入，建立自己的核心竞争优势。

我国企业在“社交+内容+娱乐”的元宇宙生态建设及 5G 通信技术方面，表现比较出色。腾讯作为世界最大的游戏和社交公司之一，不断向外延伸内容产品布局，在视频、影视、文学、音乐等泛文娱领域，均有深厚的产品储备，已经形成比较完整的“社交+内容+娱乐”初步元宇宙版图，内容场景优势明显。

字节跳动通过抖音（TikTok）、今日头条、飞书等产品，建立起了全球化的内容流量入口。同时通过入股 VR 硬件厂商 Pico，字节跳动打通了“设备+内容+平台”的生态闭环，软硬件相互促进发展。其他我国公司如百度、阿里巴巴、网易等，也都将元宇宙作为战略发展的重要部分，积极投入其中。

9.6　数字化转型将加速推动 6G 发展

数字化是现代经济发展的一个重大趋势，是新二元经济时代数字经济和实体经济、无限供给经济和有限供给经济融合发展的象征。数字化转型已经成为时代热词，成为驱动传统制造业不断向中高端迈进的利器。

2022 年 1 月 12 日国务院印发的《“十四五”数字经济发展规划》的通知中提出：到 2025 年，数字经济迈向全面扩展期，数字经济核心产业增加值占 GDP 比重达到 10%，数字化创新引领发展能力大幅提升，智能化水平明显增强，数字技术与实体经济融合取得显著成效，数字经济治理体系更加完善，我国数字经济竞争力和影响力稳步提升。

《“十四五”数字经济发展规划》部署了八方面重点任务。一是优化升级数字基础设施。加快建设信息网络基础设施，推进云网协同和算网融合发展，有序推进基础设施智能升级。二是充分发挥数据要素作用。强化高质量数据要素供给，加快数据要素市场化流通，创新数据要素开发利用机制。三是大力推进产业数字化转型。加快企业数字化转型升级，全面深化重点行业、产业园区和集群数字化转型，培育转型支撑服务生态。四是加快推动数字产业化。增强关键技术创新能力，加快培育新业态、新模式，营造繁荣有序的创新生态。五是持续提升公共服务数字化水平。提高“互联网+政务服务”效能，提升社会服务数字化普惠水平，推动数字城乡融合发展。六是健全完善数字经济治理体系。强化协同治理和监管机制，增强政府数字化治理能力，完善多元共治新格局。七是着力强化数字经济安全体系。增强网络安全防护能力，提升数据安全保障水平，有效防范各类风险。八是有效拓展数字经济国际合作。加快贸易数字化发展，推动“数字丝绸之路”深入发展，构建良好的国际合作环境。围绕八大任务，明确了信息网络基础设施优化升级等十一个专项工程。

展望 2035 年，数字经济将迈向繁荣成熟期，力争形成统一公平、竞争有序、成熟完备的数字经济现代市场体系，我国的数字经济发展基础和产业体系发展水平位居世界前列。

《“十四五”数字经济发展规划》提出，要优化升级数字基础设施，前瞻布局第六代移动通信（6G）网络技术储备，加大 6G 技术研发支持力度，积极参与推动 6G 国际标准化工作。积极稳妥推进空间信息基础设施演进升级，加快布局卫星通信网络等，推动卫星互联网建设。

数字化转型需要更多的支撑。《“十四五”数字经济发展规划》鼓励并支持互联网平台、行业龙头企业等立足自身优势，开放数字化资源和能力，帮助传统企业和中小企业实现数字化转型，加快推动企业乃至整个社会的数字化转型。

伴随我国数字经济的发展，数字新基建、数字产业化和产业数字化等战略的落地，6G 将会有更多的应用空间和市场规模。

6G 作为 5G 的必然演进方向，要建立人机物智能互联、高效互通的通信网络，实现一体化的多维数据协同处理，以提升感知精度和感知距离，这些都是未来信息通信理论及技术的全球制高点，虽然 6G 大规模商业化按计划将于 2030 年左右实现，但是鉴于我国对 6G 的重视和科技创新能力，6G 规模试验及典型应用示范最早或许会在 2024 年年底前进行。

总体来看，6G 产业一方面可以为用户带来更加身临其境的极致体验，满足人类多重感官、情感和意识层面的交流互通需求；另一方面，更可以广泛应用于娱乐生活、医疗健康、工业生产等领域。这就表明，6G 将继承 5G 的衣钵，从深层次助力我国各行业的数字化进一步转型升级，满足未来智能社会的各种应用需求。

9.7　6G 时代需要提升全民数字素养

2021 年 3 月，十三届全国人大四次会议表决通过了《中华人民共和国国民经济和社会发展第十四个五年规划和 2035 年远景目标纲要》。其详细阐述了未来 5 到 15 年的国家发展愿景和措施，其中第五篇为专门的数字化章节，介绍了数字化转型的内涵和对数字化发展的各方面要求。

纲要提出了“加快数字化发展，建设数字中国”，要求“充分发挥海量数据和丰富应用场景优势，促进数字技术与实体经济深度融合，赋能传统产业转型升级，催生新产业新业态新模式，壮大经济发展新引擎”。这为我国数字经济发展指明了方向。在这一背景下，作为创新驱动的核心要素，数字人才成为下一阶段我国经济全面数字化转型的第一资源和核心驱动力。

在国家政策大背景下，各行各业都在制定转型核心战略及实施进程，以金融行业为例，2021 年 12 月和 2022 年 1 月，两份关于银行数字化转型的重量级指导文件——中国人民银行的《金融科技发展规划（2022—2025 年）》（以下简称“发展规划”）和银保监会的《关于银行业保险业数字化转型的指导意见》（以下简称“指导意见”）先后印发，这对在积极筹备数字化转型工作的各类银行而言，正是 2022 年开年布局的最好指导。

“发展规划”和“指导意见”中指出，“人才+治理”才是数字化技术和数字化生态产生聚变反应的关键，人才既是努力培养复合型人才，也是推动全体人员的数字化转型的关键；治理不仅是科技治理，更是将科技治理融入企业治理，形成新时代的管理思维，更快地驱动企业数字化。

中央网络安全和信息化委员会于 2021 年 11 月发布的《提升全民数字素养与技能行动纲要》中指出，到 2025 年，全民数字化适应力、胜任力、创造力显著提升，全民数字素养与技能达到发达国家水平。展望 2035 年，基本建成数字人才强国，全民数字素养与技能等能力达到更高水平，高端数字人才引领作用凸显，数字创新创业繁荣活跃，为建成网络强国、数字中国、智慧社会提供有力支撑。鼓励企业提升数字化竞争力，培育造就一大批高水平、创新型、复合型的数字化人才队伍，不断激发企业创新活力。同时加快完善面向中小企业员工的数字化服务体系，提升中小企业数字化发展意愿和能力。

参考文献

[1] 林德平，彭涛，刘春平. 6G 愿景需求、网络架构和关键技术展望 [J]. 信息通信技术与政策，2021 (01).

[2] 无处不在的无线智能——6G 的关键驱动与研究挑战 [Z]. 全球首届 6G 峰会.

[3] 朱伏生，赖峥嵘，刘芳. 6G 无线技术趋势分析 [J]. 信息通信技术与政策，2020 (12).

[4] 朱伏生. 解析 6G 系统的十大 KPI 指标 [Z]. 通信人家园，2019.

[5] 童文，朱佩英. 6G 无线通信新征程 [M]. 北京：机械工业出版社，2021.

内容简介

本书分析阐述了十年后信息社会的主流技术——下一代无线移动通信系统（6G），展现了6G的总体愿景。主要内容包括移动通信发展趋势、6G关键技术与体系架构、6G的应用畅想、6G业务应用场景、工业互联网与工业5.0、智慧城市与智慧生活、6G发展的产业协作与生态建设、全球6G研究发展和对6G发展的几点思考。从本书中可以看出，6G通信技术不再是简单的网络容量和传输速率的突破，它更是为了缩小数字鸿沟，并全面支撑泛在智能移动产业的发展，帮助人类迈向万物智联的未来世界。

本书适合各企事业单位6G相关产业的从业人员，以及对数字经济感兴趣的读者阅读。

图书在版编目（CIP）数据

认识6G：无线智能感知万物／李翔宇编著．—北京：机械工业出版社，2022.10（2023.7重印）

ISBN 978-7-111-71574-0

Ⅰ.①认…　Ⅱ.①李…　Ⅲ.①第六代无线电通信系统　Ⅳ.①TN929.59

中国版本图书馆CIP数据核字（2022）第167875号

机械工业出版社（北京市百万庄大街22号　邮政编码100037）
策划编辑：杨　源　责任编辑：杨　源
责任校对：徐红语　责任印制：常天培
北京机工印刷厂有限公司印刷
2023年7月第1版第2次印刷
169mm×239mm · 15.5印张 · 197千字
标准书号：ISBN 978-7-111-71574-0
定价：99.00元

电话服务　网络服务
客服电话：010-88361066　机　工　官　网：www.cmpbook.com
010-88379833　机　工　官　博：weibo.com/cmp1952
010-68326294　金　书　网：www.golden-book.com
封底无防伪标均为盗版　机工教育服务网：www.cmpedu.com